신의 방정식
오일러 공식

A Most Elegant Equation: Euler's Formula and the Beauty of Mathematics

신의 방정식
오일러 공식

데이비드 스팁 지음
김수환 옮김

동아엠앤비

당신이 수학과 사랑에 빠지게 된 이유는 수학이 재고 정리에 도움이 되기 때문만은 아닐 것이다. 어쩌면 수학이 주는 기쁨과 만족감 때문이 아니었을까? 경이로운 정리들과 그것을 이끌어 냈을 때 느끼는 승리감과 놀라움, 인류 최고의 지적 업적을 경험하면서 감탄과 영광을 느꼈기 때문이 아니었을까?

언더우드 더들리

드포대학 명예교수, 수학 정교수

서론

수학 정리 열 개를 거침없이 적을 수 있는 사람이 얼마나 될까? 적어도 나는 그러한 사람에 포함되지 않는다. 몇 년 전 수학 전문가들을 대상으로 가장 아름다운 수학 정리에 대한 순위를 매겨 보라고 했을 때 나는 일종의 쪽지 시험이라고 생각했다. 오래전에 배우기는 했지만 그래도 수학 학사를 받은 사람으로서 이 중 몇 가지나 기억할 수 있을까? 처음에는 내가 전혀 기억하지 못할 것 같아 두려웠지만 그래도 수학 정리 열 가지 중 아홉 가지는 기억해 냈기에 적잖이 안도했다. 하지만 나는 순위 1위에 오른 오일러 공식을 분명 본 적은 있지만 학교에서 다룬 기억은 없었기에 너무나 신경 쓰였다.

이 공식을 알지 못하는 것에 대한 변명으로 나는 이 공식이 과대평가된 것은 아닌지 생각해 보았다. 이 공식에서는 신비로운 기호나 매우 진지한 수학적 기교는 볼 수 없으며, 그저 다섯 가지의 단순한 글자로 쓰여 있을 뿐이다.

물론 세 개의 문자로 나타낸 항이 특별하다는 것은 알 수 있다. 하지만 이 공식* 자체는 1학년 학생이 2+1=0이라는 방정식을 보고 쉽게 이해하지 못하는 것과 비슷하게 보인다. 이 공식은 다음과 같이 쓰인다.

$e^{i\pi} + 1 = 0$.

나는 18세기의 수학자 레온하르트 오일러Leonhard Euler를 잘 알고 있었다. 그는 수학계의 모차르트라고 알려져 있고, 그의 지문은 내 오래된 수학 교과서들의 전반에 걸쳐 남아 있었다. 하지만 그것만으로는 왜 그의 공식이 가장 아름다운 공식이라 손꼽히는지 이해할 수 없었다. 검색을 해 보니 수많은 수학의 권위자들이 그의 공식을 가장 아름다울 뿐만 아니라 수학 역사상 가장 주목할 만한 결과물이라고 생각한다는 사실을 알 수 있었다. 그중에는 내가 가장 존경하는 리처드 파인먼Richard Phillips Feynman도 포함되어 있었다. 파인먼은 맨해튼 프로젝트에 참여했던 이론 물리학자로 노벨상을 받았고, 1986년 챌린저 우주선 참사의 조사를 이끌었던 사람이다. 무엇보다 중요한 점은 그가 거의 초인적일 정도로 생명의 환희로 충만한 삶을 살았다는 것이다. 어떻게 이 단순해 보이는 짧은 공식이 이렇듯 거대하고 다채로운 정신을 지녔던 파인먼에게 매력적으로 보였던 것일까?

이쯤 되자 나는 한 번 조사해 봐야겠다고 마음먹었다. 대학을

* 오일러 방정식은 종종 공식 또는 항등식으로 불리기도 한다. 여기에서는 오일러 방정식 또는 공식이라고 부르지만, 수학 용어적인 측면에서 이 두 용어는 동의어가 아니다.

졸업한 뒤 과학 저서를 집필해 왔지만 그래도 아이들에게 고등학교 미적분을 가르쳐 주는 등 수학과 동떨어진 삶을 살지는 않았기 때문에 내 수학 근육이 완전히 퇴화되지는 않았다. 따라서 나는 오일러 공식의 유도식을 찾아보았고(이 유도식은 약간의 미적분을 알고 있다면 매우 간단하다.) 그 공식의 역사와 중요성을 탐구했다. 그리고 수많은 수학 애호가들처럼 나 또한 "와우, 와우!" 하고 감탄사를 연발하게 되었다.

우선 이 공식은 2000년에 걸쳐 개발된 큰 수학적 아이디어들을 환상적인 작은 공식에 효과적으로 압축하였다. 이 공식은 무한대(∞는 이 공식의 기반에 숨겨져 있다.)와 신기하게도 수학의 곳곳에서 발견되는 π와 잘못된 이름을 부여 받았던 허수 i와 아무것도 아닌 것을 나타내면서도 너무나도 놀라운 본질적 특징을 가지는 0을 사용한다. 오일러는 많은 학생들이 고등학교에서 배우지만 알아채지 못하고 넘어가는 수학적 개념들 사이에 숨겨진 연결 고리들을 발견하였다. 이러한 연관성은 엄밀히 말해 소름 끼칠 정도로 굉장한 것이었다. '굉장하다'라는 말은 그냥 대단한 정도가 아니라 훨씬 더 높은 수준으로 '멋지다'이다.

나는 그렇게 아름다움을 발견했다. 하지만 여전히 내가 놓친 부분이 있다는 생각을 멈출 수가 없었으므로 이번에는 대학 시절에 사용했던 책을 다시 꺼내 보았다. 그 책들은 내가 대학 시절에 수학을 탐구하는 데 긴 시간을 쏟았다는 것을 증명하는 일종의 기념비였다. 오일러 공식은 색인에 포함되어 있지 않았기 때문에 책을 일일이 뒤져서 찾아야 했다. 한참을 뒤적인 결과 마침내 오일러 공식이 어떠한 일반 방정식의 특수한 경우로 나오는 것이라는 아주 단순하고 짧게 언급된 부분을 찾았다. 내가 교과서에서 찾을 수 있었던 것 중 '$e^{i\pi} + 1 = 0$'에 가장 가까운 내용은 오일러 공식을 변형한 식을 증명하는 연습 문제였다.

여기까지 찾자 이게 다인가 싶어 허탈함이 들었다. 나는 오일러 공식을 잊지 않았지만 그게 전부였다. 놀랍게도 그것은 그저 내 학창 시절의 아주 작은 무한소 같은 부분에 불과했다. 생각해 보니 이 가장 아름다운 공식은 내 아들의 고등학교 수학 내용에서도 다루어지지 않았다.

고등학교 수학 내용에 대해 이야기를 꺼내고 보니 내가 그 수업 내용을 어떻게 알고 있는지에 대해 생각해 보게 되었다. 한숨이 절로 나오는 일이지만, 나는 내 아들 쿠엔틴Quentin의 가정 교사로서 아들보다 수업 내용을 더 잘 알고 있다. 막 피어나는 아티스트였던 쿠엔틴은 수학을 지겨운 시간 낭비라고 여겼다. 이러한 아들의 생각은 변하지 않아서 쿠엔틴이 대학에 들어갈 무렵에는 점점 더 어려워지는 수학을 가르치기 위해 나도 수학책을 읽는 시간이 두 배로 늘어날 지경이었다. 나는 수학 애호가로서 항상 수학에 끌렸지만 내 아들은 그렇지 않았던 셈이다. 소설가 니콜슨 베이커Nicholson Baker는 2013년 『하퍼스*Harper's*』에서 고등학교에 의무적으로 들어야 하는 수학 수업들이 수학 혐오를 만들어 내는 과정에 대하여 아주 기억할 만한 글을 남겼다. 특히 그는 대수학II를 듣는 학생들의 처지에 대하여 이렇게 묘사했다.

"이해하기 어렵고 제곱근으로 가득하며 다항으로 이루어져 성가시고 이해할 수 없는 기호들이 마치 고추냉이처럼 덩어리져 있는 것을 반복적으로 보도록 강요받는다. 또한 과제물은 끊이지 않고, 알고리즘들은 점점 더 길어지고 더 어려워지며, 지속적으로 쪽지 시험을 봐야 한다. 머지않아 그들 중 대부분이 수학에 피로를 호소하게 된다."

어쩌면 독자들은 내가 무엇을 생각하고 있는지 추측할 수 있을 것이다. 이때 내가 가졌던 생각은 만약 쿠엔틴처럼 수학이 최고의 수면제라고 여기는 수백만의 사람들이 내가 오일러의 위대한 발견을 다시 체험했을 때 느꼈던 감성을 느낄 수 있다면 어떨까였다. 하지만 막상 현실로 돌아오자 내 내면에서는 두 가지 목소리가 치열하게 싸우기 시작하였다. 한 목소리는 '책을 써!'라고 말했고, 다른 한 목소리는 '고등학교에서 배운 수학 내용을 대부분 까먹은 사람들은 그런 직관적인 경험을 할 수 없어. 말도 안 되는 소리니까 그만 포기해.'라고 이야기하였다. 나는 그런 시도가 현실적인 사상가라는 내 평판에 막대한 손해를 끼칠지도 모른다는 점을 우려했던 것이다. 물론 그런 고민에도 불구하고, 나는 자리에 앉아 이 책을 쓰기 시작하였다. 바로 앉아서 책을 쓰기 시작했다는 것은 약간 과장이 들어간 것이고, 이 책에 대한 아이디어를 생각하는 데 약 1년의 시간을 보냈다. 그러다가 마침내 미국의 철학자 외츠 콜크 부즈마Oets Kolk Bouwsma는 책 쓰기를 망설이는 자신을 어떻게 이겨 냈는지 기억해 냈다.

“나는 동전을 던져 책을 쓸지 결정하기로 했고, 던져진 동전은 내가 원하는 면이 나왔다.” 어떻게 동전이 그가 원하는 대로 나왔을까? 그는 이렇게 설명했다. “동전을 세우고 내가 원하는 방향으로 눕혔다.” 그렇게 해서 이 책이 나오게 된 것이다. 이 책을 넘기기 전에 또는 책을 덮고 떠나기 전에 서론을 부디 다 읽어 주었으면 한다.

내가 오일러 공식에 대한 책을 쓰기로 결정한 이유 중 하나는 바로 이 공식에 아름다움과 깊이가 있을 뿐만 아니라 놀랍기까지 하며, 쉽게 이해할 수 있는 성질이 공식 안에 조화롭게 혼합되어 있다는 것이다. 중요한 수학적 결과 중 오일러 공식처럼 쉽게 이해할 수 있는 것은 매우 드물다(물론 공식을 보고 바로 이해할 수는 없기 때문에 이 작은 책이 쓰였다.). 그리고 또 다른 이유는 이 책을 쓰기 위하여 영리하게 압축된 아이디어들을 연구하면서 수학의 역사를 마음껏 탐구할 수 있는 기회를 가질 수 있기 때문이기도 했다.

이 공식은 그저 추상 예술의 수학 버전이 아니다. 오일러의 시대가 지나고 한참 후에야 과학자들과 엔지니어들은 $e^{i\pi}+1=0$의 일반 공식이 교류의 운동 같은 현상들을 수학적으로 모델링하는 데 매우 유용하다는 것을 발견하였다. 오일러의 훌륭한 순수 수학적 발견이 이제는 우리 주변의 전자 기기들에 효과적으로 사용되고 있다는 것이다. 지금까지 멋지다는 표현을 너무 자주 쓰기는 했지만 나는 이 부분도 기가 막히게 멋지다고 평가하고 싶다.

오일러 공식이 영원하다는 것도 매력이다. 전기공학자인 폴 나힌Paul Nahin은 대학 수학을 배운 사람들을 위한 책에서 이 공식을 다음처럼 묘사했다.

"먼 미래의 기술자들에게 오늘날의 물리학이나 화학이나 공학은 그저 낡은 지식으로 여겨지겠지만 오일러 공식은 1만 년 후의 뛰어난 수학자들에게도 여전히 아름답고 놀랍고 순수한 것으로 보일 것이다."

나는 독자들이 이 책을 읽고 그러한 찬사의 의미를 이해할 수 있었으면 좋겠다. 다만 이 책을 광고하기에 앞서서 두 가지 사실만 언급하고 넘어가고자 한다. 우선 이 책은 독자의 근본적인 수학적 능력을 증진시키거나 계량적 능력을 발전시키기 위해 쓴 것이 아니다. 이 책을 쓴 진짜 목적은 위대한 수학이 위대한 문학이나 예술처럼 흥미를 불러일으키고 아름다우며 깊이가 있다는 사실을 알리는 것이다. 두 번째는 만약 오랜 시간 수학을 좋아해 온 사람이라면 이 책의 내용 중 대부분이 너무 기초적이라고 생각할 것이다('부록 1'은 조금 더 기술적인 내용을 다룬다.). 나는 초등학교 6학년 이후에 배웠던 수학을 잊어버린 대부분의 독자들에게 쉽게 다가가고자 했다. 그러므로 산술과 분수, 비율과 소수점, 퍼센트같이 대수학을 배우기 이전에 배우는 내용을 알고 있다면 책의 내용이 크게 어렵지는 않을 것이다.

그렇지만 이 책에는 상당히 많은 수의 방정식이 포함되어 있다(물론 방정식들이 독자들을 굳어 버리게 만들지 않도록 충분한 설명이 포함되어 있다.). 그렇게 함으로써 유명한 물리학자인 스티븐 호킹Steven Hawking이 그의 비기술적인 책에서 방정식의 사용에 대하여 권고했던 유명한 말을 지키지 못하게 되었다. 그에 따르면 "누군가 내게 『시간의 역사 *A Brief History of Time*』에 방정식을 하나 쓸 때마다 독자는 반으로 준다고 말하기에 나는 아무런 방정식도 포함시키지 않기로 결정했다."라는 것이다(결국 하나의 방정식을 포함시키기는 했다. $E=mc^2$). 사실 나는 이 격언을 너무나 잘 알고 있지만 오일러 공식을 방정식 없이 설명하는 것은 반 고흐의 「별이 빛나는 밤」을 다루면서 별을 제대로 볼 수 없을 정도로 작은 그림을 보여 주는 것과 같다고 느꼈다. 이는 독자들이 수학의 역사에서 최고의 순간이자 진정 인간의 사고가 가장 높은 곳까지 올라간 순간을 느끼게 한다는 내 목적을 무너뜨릴 것이다.

만약 절반의 원칙이 맞다면 수십 개의 공식이 포함된 이 책을 읽는 사람의 숫자는 100만분의 1 이하여야 하는데 이 책을 읽고 있는 독자들이 이것이 틀렸다는 것을 증명하고 있으므로 처음 이 원칙을 제시한 사람은 아마 수학을 조금 더 보충해서 배워야 할 것 같다. 어떠한 경우든 나는 최소한 몇몇의 지식에 목마른 이들이 이 책을 읽고 예상하지 못한 놀라움과 승리감을 얻기를 희망한다. 책을 읽는 데, 책을 쓰는 데 그것보다 더 좋은 이유가 무엇이 있겠는가?

엘리샤, 쿠엔틴, 클레어에게…

차례

EULER'S EQUATION

1장

신의 방정식

$e^{i\pi} + 1 = 0$

그의 생에 마지막 날이었던 1783년 9월 18일 아침, 레온하르트 오일러는 그 어느 때보다 호기심 넘치는 쾌활하고 예리한 사람처럼 보였다. 가을 무렵의 이날, 76세의 스위스 노 수학자는 러시아 상트페테르부르크St. Peterburg에서 대가족과 함께 지내면서 러시아 과학원에서 근무하고 있었다. 그는 비록 지난 10여 년간 거의 시력을 잃은 상태였지만 오히려 시력을 잃고 나자 더 빠른 속도로 수학과 과학 논문들을 출판하였다. 그는 복잡한 계산들을 암산으로 해결한 후, 조수들이 대형 슬레이트에 받아 적도록 구술하는 방식으로 연구를 진행하였다.

오일러는 그날 아침에도 평소처럼 손자 한 명에게 초등 과학

러시아 상트페테르부르크 러시아 과학원

을 가르치고 있었다. 얼마 후 과학적 주제들에 대한 토론차 두 명의 동료들이 그를 찾아왔다. 이날의 주제로는 근래에 발견되었던 천왕성과 몇 개월 전 프랑스의 조제프 미셸 몽골피에Joseph Michel Montgolfier와 자크 에티엔 몽골피에Jacques Étienne Montgolfier 형제가 발명한 혁신적인 열기구가 포함되어 있었다. 몽골피에 형제는 이후 얼마 지나지 않아 인류 역사상 최초로 유인 비행에 성공하게 된다.

몽골피에 형제가 발명한 열기구
©fineartamerica

오일러는 그를 방문한 동료들에게 자신이 끝내 양쪽 눈의 시력을 잃었다는 것을 알려 준 후, 미적분학의 과제인 미뮤 방정식을 사용해서 열기구의 상승 모형을 고안하여 열기구의 높이를 계산해냈다. 또한 그는 천왕성의 궤도와 연관된 계산식들을 암산으로 풀기도 했다. 점심을 먹은 후 오일러는 현기증이 난다고 말하며 낮잠을 취했다.

낮잠에서 깬 오일러는 오후 네 시에 가족들, 친구들과 함께 차 마시는 시간을 가졌다. 소파에 앉아 손자와 장난스럽게 놀면서 부인에게 두 번째 차를 부탁한 오일러는 2분 정도 후에 갑자기 피고 있던 파이프 담배를 던지고 일어서더니 두 손을 이마에 대고 “나는 죽어 가고 있다.”라고 외쳤다. 그것이 그의 마지막 말이었다. 그 말에는 그의 깊고 번뜩이는 직관의 특성을 잘 나타낸다. 그는 치명적인 뇌졸중으로 이내 의식을 잃고 그날 저녁 임종하였다.

오일러가 임종한 날 장남인 요한Johann Albrecht Euler은 아버지가 슬레이트에 적어 둔 가장 최근의 계산식을 보게 되었고, 아버지를 잃은 충격과 슬픔에 빠져 있는 와중에도(또는 그것이 이유가 되었는지도 모른다.) 빠르게 열기구의 수학적 모형에 살을 덧붙여 프랑스의 저널에 발표하였다. 이것이 오일러의 첫 사후 논문이다. 오일러는 자신이 발견한 중요한 내용들을 발표하지 않은 채 막대한 양의 원고로 남겨 두었기 때문에 그가 죽은 뒤에도 십여 년 동안 논문들이 잇따라 발표되었다.

오일러의 생애 대부분은 봄에 꽃이 피는 것처럼 사상이 폭발적으로 번영한 계몽주의 시대에 걸쳐져 있었다. 18세기 초반 계몽주의가 한창이었던 시절의 지식인들은 과학과 개인의 자유, 종교적 관용과 자유 시장 경제에 대한 세계적 변화의 아이디어들을 철저하게 논의하기 위해 커피 하우스와 문학 클럽에 모였다. 그러한 정신과 교감한 토머스 제퍼슨Thomas Jefferson이 1776년에 독립 선언문을 쓰면서 계몽주의 시대의 미국의 정신 또한 형성되었다. 같은 해 스코틀랜드의 철학자인 애덤 스미스Adam Smith는 합리적인 사리 추구가 경제적 번영을 조성할 수 있다는 『국부론*The Wealth of Nations*』을 출판하여 막대한 영향력을 미쳤다. 몇 년 뒤 영국의 메리 울스턴크래프트Mary Wollstonecraft는 최초의 페미니즘 저서 중 하나인 『여성의 권리 옹호*A Vindication of the Rights of Woman*』를 출판하였다.

게오르그 프리드리히 헨델George Frideric Handel, 볼프강 아마데우스 모차르트Wolfgang Amadeus Mozart, 프란츠 요제프 하이든Franz Joseph Haydn, 조너선 스위프트Jonathan Swift, 알렉산더 포프Alexander Pope, 새뮤얼 존슨Samuel Johnson, 대니얼 디포Daniel Defoe, 프랑수아 마리 볼테르François Marie Voltaire, 토마스 페인Thomas Paine, 벤저민 프랭클린Benjamin Franklin, 몽테스키외Montesquieu, 데이비드 흄David Hume, 임마누엘 칸트Immanuel Kant, 드니 디드로Denis Diderot, 윌리엄 허셜William Herschel, 앙투안 라부아지에Antoine-Laurent de Lavoisier, 프랑스 과학 아카데미(French Academy of Sciences)에서 최초로 과학 논문을 발표한 여성 수학자이자 물리학자인 에밀리 뒤 샤틀레Émilie du Châtelet를 포함한 수많은 위대한 지성인들이 계몽주의 시대에 활동한 인물들이다. 이 중 많은 이들은 국제적으로 활동한 '편지 공화국(Republic of Letters)'의 구성원이었는데 이 단체는 칸트가 밝힌 비공식 모토로 유명하다. 그것은 라틴어로 '감히 알고자 하라.'를 뜻하는 '사페레 아우데(Sapere aude)!'이다. 스위프트, 페인, 볼테르를 포함한 이 시대의 가장 영향력 있는 작가들은 전례 없는 열정과 재치로 사회적 통념과 권력을 비판하였고, 그중 몇몇은 신의 계시가 아닌 사람의 이성이 궁극적인 진실을 결정한다고 여기기도 했다.

그러한 시대적 분위기는 이 시대의 많은 지식인이 그러한 관점을 통하여, 하느님이 발견할 수 있는 자연적 법칙에 따라 작용하는 우주를 창조한 뒤 영원히 세상에 관여하지 않는다고 여겼던 이신론을 포용하는 것으로 이어졌다. 이신론자들은 기적과 다른 초자연적인 현상들을 미신이라 여기며 거부하였다.

존 로크John Locke를 따른 이신론자들은 자연법칙이 삶과 자유와 재산에 대한 권리를 포함한 인류 사회의 규칙에 반영되었다는 사상을 펼쳤는데, 이는 진정 혁명적인 것이었다. 또한 이 시대는 프로이센의 프리드리히Friedrich II세와 러시아의 여제 예카테리나Ekaterina II세 등과 같이 이성의 지위를 믿고 교육과 종교적 관용과 재산권을 장려하여 발전시킨 '계몽 전제 군주'들의 시대이기도 하다. 프리드리히와 예카테리나는 유럽의 최고 지성들을 끌어모으고 선두적인 연구 센터의 역할을 하는 자국의 과학 학술원을 자랑스럽게 여겼다. 오일러는 러시아 학술원에서 연구를 시작했고, 25년간 프로이센 학술원에서 연구한 뒤 러시아 학술원으로 돌아와 여생 동안 연구를 지속하였다.

이 시대의 주요 사상가들은 종종 의견 차이로 합의에 이르지 못하기도 했는데, 그러한 큰 주제들은 오늘날까지도 논쟁의 대상이 되기도 한다. 예를 들어 동시대의 다른 연구자들보다 종교적으로 더 보수적이었던 오일러는 기독교 계시보다 인간적 이념을 중시했던 당시 자연 신교들의 과격한 의견을 배척하였다. 하지만 오일러를 포함한 계몽주의 시대의 위대한 연구자들 중 대부분은 계몽주의 시대를 정의하는 영감에 대해서는 같은 의견을 가지고 있었다. 즉, 세상은 자연법칙에 의해 지배되며 과학을 통하여 자연법칙의 규칙성을 발견할 수 있다는 것이다. 이러한 사상은 모든 자연법칙은 수학적으로 설명할 수 있다는 세계관과도 일맥상통한다. 이 세계관은 1600년대 후반 아이작 뉴턴Isaac Newton이 파도부터 하늘의 행성 궤도에 이르기까지 모든 것은 수학적으로 공식화된 운동 법칙과 중력 법칙을 통해서 설명될 수 있다고 증명하고 나서 형성되었다. 이렇듯 수학에 기반을 두고 열정적으로 자연법칙을 설명했던 계몽주의 시대는 산업 혁명과 현대 기술 발전의 길을 닦았다. 이 시대에는 풍미 있는 격식체 담화들도 수학적 풍미를 담고 있는 것을 볼 수 있다.

유명한 미국 독립 선언문의 두 번째 문장을 살펴보자.

"우리들은 다음과 같은 자명한 진리들을 알고 있다. 모든 사람은 평등하게 창조되었으며 이들은 창조주로부터 양도할 수 없는 권리를 부여 받았는데, 이 중에는 삶과 자유와 행복을 추구할 권리도 포함된다."

수학적 공리가 자명한 진리로 인정되며, 그에 기반하여 수학적 정리가 이어지는 것같이 이 문장이 공리로 작용하였고, 이후 그것에 근거한 후속 주장들로 이어졌다.

이렇게 화려하고 잘 짜인 산문은 트위터와 블로그 같은 SNS 매체가 대세인 오늘날의 관점에서 볼 때에는 색다르고 진기하게 보일 수 있다. 하지만 제퍼슨의 글에 영향을 미치고 현대의 번영을 유산으로 남긴 오일러 시대의 균형과 질서와 이성에 대한 열정의 중요성은 아무리 과장해도 지나치지 않다. 실제로 지나간 역사를 뒤돌아보면 계몽주의 시대는 밝게 빛나면서 오늘날에도 우리가 어둠 속에서 앞으로 나아갈 수 있도록 빛을 발하고 있다. 그러나 저자가 이 책을 집필하던 지난 2016년에는 현대 독재자의 가면에 가려진 왜곡된 진실과 종교적 원칙주의자들과 과학을 거부하는 이들이 우리를 안내하는 빛을 없애고 탐욕, 위선, 무지, 미움으로 그 자리를 채우려는 데 힘을 모으는 것으로 보인다.

오일러는 계몽주의 시대의 가장 위대한 수학자이자 물리학자였다. 또한 그는 천문학 및 공학 분야에 많은 공헌을 했으며, 과학 역사학자 클리포드 트루스델Clifford Truesdell은 18세기에 출판된 모든 수학과 과학적 연구 중 약 4분의 1을 오일러가 집필했다고 추정하기도 하였다. 오일러는 계몽주의 시대 대부분의 기간 동안 활동했는데, 르네상스 시대가 절정기를 이룬 후 17세기 후반에 뉴턴을 비롯한 다른 학자들이 활약했던 시기에 계몽주의 시대를 이끌었다.

오일러는 현대 노벨상의 18세기 버전이라고 볼 수 있는 프랑스 과학 학술원의 과학·수학 및 기술 문제에 대한 혁신적인 해답에 관한 상을 13회 이상 받았다. 그는 역사상 가장 다작한 수학자로 알려져 있고 그가 집필한 80여 권의 두꺼운 책들은 수학계에서 좀처럼 넘기 힘든 기록이다. 또한 그는 사실상 거의 모든 수학의 세부 분야에서 주요 발전을 이루어 냈으며 수학자인 윌리엄 던햄William Dunham이 언급한 것처럼 무려 2만 5,000페이지에 달하는 『오일러 전집*Opera Omnia*』을 옮기려면 지게차가 필요할지도 모른다(오일러 전집은 스위스 과학 학술원에서 한 세기에 걸쳐 편집하여 완성하였다.).

오일러는 많은 기술을 발전시켰는데, 1752년에 발명한 배 장치용 외륜과 회전 프로펠러는 19세기에 증기 기관이 개발된 후 그 실용성을 인정받았다. 영국의 한 발명가는 색지움 렌즈를 만드는 방법에 대한 오일러의 구상에서 실마리를 얻어 최초의 색 교정 렌즈를 발명했다. 또한 오일러는 초기의 기계식 컴퓨터의 일종인 논리 기계를 고안했는데 그 기계가 실제로 만들어졌는지에 대해서는 명확히 알려져 있지 않다.

오일러는 철학자는 아니지만 그의 글들은 칸트의 형이상학에 분명한 영향을 미쳤다. 다윈은 오일러의 인구 증가에 대한 수학적 연구에서 영감을 받아 자연 선택 이론을 고안하였다. 또한 오일러는 바다에서 배의 경도를 결정하는 방법을 고안하는 일에 참여하였고, 1765년에는 영국 정부에서 이 문제를 해결하기 위해 내걸었던 상금의 일부를 받기도 하였다.

그가 개척한 수학은 오늘날 안전한 인터넷 통신과 소셜 네트워크 분석을 비롯하여 전자 회로 설계 및 기타 많은 분야에 적용되었다. 심지어는 할리우드에서조차도 오일러의 공로를 인정하였다. 2016년 개봉한 「히든 피겨스(Hidden Figures)」는 영화 속의 한 등장인물이 오일러 방법을 사용하는 장면을 담았다. 이 영화의 등장인물은 지구의 대기권으로 진입할 때 불타지 않고 바다로 떨어진 우주선을 해군정이 쉽게 찾을 수 있는 우주선 궤도를 계산하는 데 오일러 방법을 사용하였다.

오일러는 역사상 가장 아름다운 심성을 가졌던 것이 분명하다. 많은 위대한 혁신가들과는 달리 그는 평생 동안 유럽에서 국제적인 명성을 얻었다. 이 시대에 그보다 더 유명했던 사람은 신랄한 위트와 패기만만한 불경한 자세로 유명했던 볼테르밖에 없을 것이다. 그럼에도 불구하고 오늘날 많은 사람들은 헨델의 음악, 볼테르의 풍자, 디포의 소설 등 계몽주의 시대 천재들의 작품은 익히 알고 있지만, 오일러의 업적은 상대적으로 덜 알려져 있다. 아쉬운 일이다. 오일러가 다듬은 지적인 보석들이 사상의 역사 곳곳에서 발견되고 그중에서도 그의 수학적인 업적은 특별한 놀라움과 즐거움을 주고 있는데 말이다.

오일러의 공식은 선문답 같기도 해서 충격적이고 이해하기 어렵지만 간결하다.

$$e^{i\pi} + 1 = 0.$$

수학 교과서에서는 '오일러의 공식'이라고 불리지만 어떤 이들은 이 공식에서 발견되는 가장 매력적이고 놀라운 수학적 진실을 부르기에는 너무 흔한 이름이라고 여겨 이것을 '신의 방정식'이라고 부른다.*

미국 최초의 세계적인 수학자라고 여겨지는 벤저민 피어스Benjamin Pierce는 1831년부터 1880년까지 하버드 대학에서 강의하면서 신의 방정식의 변형된 증명을 보여 주었다. 이후 칠판에 적을 것

* '신의 방정식'이라는 별명은 그 공식의 심오함을 강조하기 위한 것이지 그것이 천상의 신이 건네준 것을 암시하는 것이 아니다. 그렇지만 쥘 앙리 푸앵카레Jules Henri Poincaré가 오일러를 일컬어 '수학의 신'이라고 부른 것은 사실이다. 만약 신이 존재한다면 오일러 공식을 돌판에 새겨 인류에게 건네주었을 것이다.

에 대해 몇 분간 생각하던 그는 학생들을 향해 돌아서서 다음과 같이 말했다. "이것은 완전히 모순적인 것일세. 우리는 이것을 이해하지 못하고 이것이 무엇을 뜻하는지도 모르지만 이 방정식을 증명했기에 이것이 진실이라는 것을 알고 있다네." 수학자인 키스 데블린Keith Devlin은 미국 공영 라디오 방송(National Public Radio; NPR)의 '*The Math Guy*'라는 프로그램에서 이 주제를 다루었다.

"사랑의 본질을 담아내는 셰익스피어의 소네트(Sonnet)나 단순한 껍데기 아래에 숨겨진 인간 형태의 아름다움을 드러내는 그림처럼 오일러 공식도 그 존재의 매우 깊은 본질에 다다랐다."

파인먼은 매우 간단하지만 열정적으로 이 방정식을 평가하였다.

"이것은 수학에서 가장 주목할 만한 공식이다." 파인먼이 14세에 이 방정식의 간단한 증명을 노트에 적으면서 한 말이다.

서문에서 언급했던 것처럼 수학 전문가들은 오일러 공식을 가장 아름다운 수학 공식이라고 꼽았다. 또한 2014년에는 열다섯 명의 수학자들이 오일러 공식을 포함한 60가지 방정식을 제시하고 그 공식을 이해하는 사람들의 뇌 스캔 사진을 제시하였다. 연구진들은 오일러 공식을 볼 때 시각적·음악적 아름다움을 경험하는 것과 연관된 뇌 부분들이 가장 활발한 활동을 보였다는 결과를 제시하였다.

이 공식의 맨 왼쪽에는 무한히 복잡한 숫자들이 있지만(e 와 π는 그 숫자를 모두 적을 수 없을 만큼 긴 숫자를 나타내기 위해 사용되는 문자이다.) 숫자들은 아주 작고 깔끔한 정수로 결합된다. 수학을 공부하는 어린 학생들은 이 공식의 $e^{i\pi}$라는 기괴한 수식이 단순한 정수 −1과 같다는 사실에 매우 놀랄지도 모른다.* 그러나 서로 연관되어 있지 않은 다섯 가지 숫자들(e, i, π, 1, 0)이 퍼즐 조각처럼 깔끔하게 맞아떨어지게 되는 것에서 더 놀라워할 수도 있다. 어떤 이들은 우주적인 조율자가 어느 날엔가 이 퍼즐 조각들을 맞추어 놓고 짓궂게도 감질나게 만드는 힌트를 오일러의 책상 위에 남겨두어 이 이해할 수 없는 숫자들의 조합을 암시했다고 생각할지도 모른다.

---

* 이것을 보려면 방정식의 양변에 같은 숫자를 더해야 한다(여기에서 '변'이라는 것은 등호의 좌측과 우측을 의미). 양변에 같은 수를 더하게 되면 그 등호가 유지된다. 만약 오일러 공식의 양변에 -1을 더하게 되면 좌변은 $e^{i\pi} + 1 + (-1)$으로 1과 (-1)이 상쇄되어 $e^{i\pi}$가 된다. 한편 우변은 $0 + (-1)$이 되어 -1이 된다. 그렇게 이 방법을 통하여 오일러 공식을 $e^{i\pi} = -1$라고 적을 수 있고 $e^{i\pi}$가 -1과 같다는 기상천외한 공식을 얻을 수 있다.

2장

변화를 나타내는 상수

E U L E R ' S   E Q U A T I O N

e

얼핏 생각하면 수학에서 오일러의 상수로 알려진 e는 별로 큰 의미를 가지지 않는 것처럼 보인다. 이 상수는 약 2.7이며 그러한 크기의 상수는 너무나 적당한 숫자라서 크지도 작지도 않은 숫자이다. 확실히 10억 이상의 커다란 숫자들은 여러 미디어를 통해 자주 등장하지만 사실 e원으로는 커피 전문점에서 라테 한 잔을 마시기에도 충분하지 않은 금액이라는 것은 분명하다.

〈도표 2.1〉

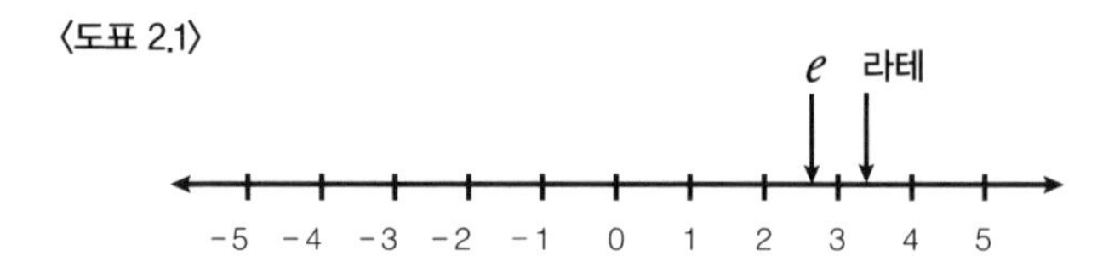

하지만 e는 그렇게 하찮은 숫자가 아니라 수학의 다재다능한 슈퍼히어로 중 하나이다.

우선 수학적으로 증가나 감소를 나타내는 데 매우 유익할 만큼 이 상수는 중요한 가치가 있다. 실제로 1600년대에 이미 e를 사용하여 복리 이자를 계산하는 방법이 생겨났을 정도로 이 숫자의 유용성은 오랜 기간 동안 전해져 왔다.* 이제 현대적인 요소를 가미한 역사의 현장을 다시 살펴보자.

신규 은행에서 예금 계좌의 연간 이자를 100% 제공하기로 결정했다고 가정해 보자(물론 현실과 너무나 동떨어진 예제이지만 수학적 상상 속에서 존재한다고 가정해 보자.). 한 남성이 그 광고를 보고 계좌에 1000원을 예금했다. 1년 후 그 남성 계좌의 총 예금액은 원금 1000원과 이자 1000원을 합친 2000원이다.

연말의 총액은 원금에 수량 '1 + r'를 곱해서 계산할 수 있다. 여기에서 r는 10진수로 표시한 이자율을 나타낸다('1 + r'에서 1은 연말까지 남아 있을 원금을 나타내고 r는 원금 이외에 얻게 되는 이자를 나타낸다.). 그렇기 때문에 총 금액은 1000원 × (1 + r)가 되고 이 경우 이자 r가 1.00(10진수로 나타낸 100%)이므로 1000원 × (1 + 1) = 1000원 × 2 = 2000원이 된다.

1년 후 이 남성은 은행이 망할 것이 두려워 예금을 회수하기로 하고 2000원을 출금하였다. 하지만 은행에서는 더 좋은 조건을 제시하여 이 남성을 유혹하였다. 그 조건이란 매년 100%의 이자가 6개월마다 50%로 나뉘어 지불된다는 것이다.

그 남성은 다시 1000원을 예금한다. 6개월 후 그 남성의 계좌

* 오늘날 우리가 e라고 부르는 숫자는 오일러 이전부터 알려져 있었지만 오일러가 수학자들에게 제시하였기 때문에 그의 이름에서 e를 가져와 이름 짓게 되었다.

에는 원금 1000원과 첫 50% 이자가 지불되는데, 1000원 × (1 + r)로 나타낼 수 있다. 여기에서 r는 십진수로 표현하는 100%의 절반 즉 0.5가 된다. 갱신된 금액이 새로운 원금으로 취급될 경우 연말에는 두 번째 이자가 지급되는데, 새로운 원금에 기간 (1 + r)를 곱한 것과 같다. 즉, [1000원 × (1 + r)] × (1 + r)가 되는 것이고 r가 0.5인 경우 1000원 × 1.5 × 1.5, 즉 2250원이 된다.

이 계산을 통하여 복리 기간이 추가될수록 1 + r 를 반복적으로 곱하는 방식으로 총액을 알 수 있다. 따라서 은행에서 연간 100%의 이자를 4개월마다 지불하여 매년 총 3회의 이자를 지급할 경우 1년 후의 총액은 1000원 × (1 + r) × (1 + r) × (1 + r)이고 여기에서 r 는 0.33(100%를 3으로 나눈 수)이 된다. 이 경우 연말에 이 남자가 갖게 될 총액은 약 2370원이 된다.

은행에서 필사적으로 예금자들을 끌어들이기 위하여 분기별로 이자를 제공할 수도 있을 것이다. 이 경우 1년의 총 수익은 1000원 × (1 + r) × (1 + r) × (1 + r) × (1 + r)로 r 는 100%의 4분의 1, 즉 0.25가 되고 총액은 약 2440원이 된다.

이러한 방식에서 어렴풋하게나마 e 의 모습을 발견할 수 있다. 하지만 이 시점에서는 그 유형을 이해하고 알아보기는 어려우므로 복리 이자의 마법을 조금 더 살펴보도록 하자.

이에 앞서서 1년이 지난 뒤에 누적된 금액을 쉽게 구하기 위해 이 규칙을 간단한 공식으로 만들어 보자. 우선 은행에서 100%의 연간 이자를 n 개의 이자로 균등하게 나누어서 지불한다고 가정해 보자(이때 n 은 0보다 큰 정수를 나타낸다.). 그렇다면 각 복리 기간의 이자는 1.00을 n 으로 나눈 $1/n$ 로 나타낼 수 있다(1.00은 100%를 소수로 나타낸 것이다.).

따라서 '$1 + r$'에서 r 를 $1/n$ 으로 대체하여 '$1 + 1/n$'이라고 바꿀 수 있다. 즉, 1년의 총 수익은 원금 × $(1 + 1/n)^n$으로 나타낼 수 있다. 여기에서 위 첨자 n 은 지수를 나타낸다. n 은 원금에 $(1 + 1/n)$항을 곱한 횟수를 나타낸다. n 을 지수로 사용할 경우 n 번의 복리 계산 기간마다 한 번씩 곱해진다는 것을 알 수 있다.

지수는 어떤 숫자를 같은 수에 곱하는 횟수를 나타낸다. 예를 들어 10^2은 '10의 제곱' 또는 '10의 2제곱'이라고 읽는데 10 × 10 또는 100을 나타낸다. 이와 같이 5^3은 '5의 세제곱'이라고 읽고 5 × 5 × 5 = 125를 나타낸다.

이제 우리는 e 를 향해 넘어갈 준비가 되었다. 이제 단순한 질문 하나를 던지기만 하면 된다. n 이 무한하게 큰 경우 이 남자는 1000원을 1년 동안 계좌에 넣어 두고 큰돈을 만들 수 있을까?

위의 계산 결과에 따르면, 언뜻 보기에는 연간 100%의 이자가 더 많이 나누어질수록(n 을 증가시킬수록) 복리 이자가 증가하는 것처럼 보였기 때문에 '그렇다'라고 답할 수도 있다. 하지만 정말 그러한지 세밀하게 따져 볼 필요가 있다. n 이 커질수록 이익은 점점 작아진다. 예를 들어 n 이 1에서 2로, 2에서 3으로, 3에서 4로 증가하면서 총 금액은 2000원에서 2250원으로, 2250원에서 2370원으로, 2370원에서 2440원으로 증가하였다. 그러나 증가액의 폭은 점점 줄어든다는 것을 알 수 있다. 이렇게 증가폭이 줄어드는 현상은 계속해서 반복되는데, 은행에서 매주 복리로 이자를 지불할 경우($n = 52$) 총액은 2690원보다 약간 더 크게 되고 매일 복리로 지불할 경우($n = 365$) 약 2710원을 받게 된다. 만약 매초당 이자를 계산하게 되면 2720원보다 조금 많은 금액을 받게 된다.

이 남자가 큰돈을 버는지의 여부는 중요하지 않다. 이렇게 n이 커질수록 1년 총액이 2720원보다 약간 더 큰 숫자에 가까워진다고 결론을 내릴 수 있는데, 이러한 한곗값을 수학에서는 '극한'이라고 부르고 이 경우 이 '극한'은 상수 e가 된다. 사실 e는 $(1 + 1/n)^n$에서 n이 무한대로 증가할 때 구할 수 있는 값으로 정의된다.

이것을 더 쉽게 이해하자면, 은행에서 1000원의 원금에 연간 100%의 이자를 계속해서 연속적으로 복리 계산하면 1년 후에는 $1000e$원이 된다는 것을 뜻한다. 여기에서 연속적이라는 단어는 n이 무한대로 증가한다는 것을 뜻한다. 실제로 이 값을 계산하는 것이 쉽지는 않지만 쉽게 부자가 되고자 하는 이들의 희망을 없애버리기 위해 컴퓨터 프로그램을 사용해서 n이 매우 큰 숫자로 증가하도록 만들어 e의 근삿값을 계산해 보자. 천억 분의 1 단위로 계산하더라도 e는 2.71828182845…… 와 같기 때문에 불로소득의 꿈은 이루어질 수 없다.

하지만 이 상수 e는 매우 큰 숫자가 아님에도 여전히 매우 흥미로운 성질이 있다. 바로 e의 소수점 자리들이 무작위적으로 무한히 변하기 때문에 컴퓨터를 사용해서 매우 큰 n값을 대입하더라도 e의 정확한 수치를 구할 수 없다는 것이다. 오일러는 1737년에 이러한 성질을 정립했다. 즉, e를 통하여 효과적으로 무한대의 의미를 살펴볼 수 있다(방대해서 무의미하게 크기만 한 수와는 다르다.). 위의 공식을 사용하지 않고 그냥 컴퓨터 프로그램을 사용하여 e의 값을 구하면 'e= 2.71828……'을 얻을 수 있다.

매우 적은 은행 계좌의 잔고에 대한 고민이 역사 속의 가장 큰 수수께끼 중 하나로 이어지는 이 모든 것들은 아름답지만 매우 뜻밖의 결과이다. 유한한 두뇌를 사용해서 어떻게 무한대를 개념화할 것인가? (또는 20세기 독일 수학자인 헤르만 바일Hermann Weyl이 더 진지하게 표현한 것처럼, 수학의 목적은 '유한한 수단을 가진 인간이 무한성을 상징적으로 이해하는 것'이라고 볼 수도 있다.)

물론 e와 같은 상수들은 4나 60,732.89처럼 생략되지 않고 딱 떨어지는 숫자로 적을 수 없기 때문에, 수학자들은 이처럼 이해하기 어려운 숫자들을 제대로 정의하고 그 무한한 특성을 이해하기 전부터 e나 π 같은 숫자를 도입하여 계산에 활용해 왔다. e를 제대로 정의하기 위해서는 극한에 대한 개념이 필요하다. 극한이라는 개념은 19세기까지 어렴풋하게만 알려져 왔다.

e에 대해 가장 흥미로운 것 중 하나는 이 숫자가 어떤 사물의 증가와 관련되지 않은 것처럼 보이는 문제들에서 발견된다는 점이다. 그 예로는 잘 알려진(적어도 수학을 좋아하는 이들에게는 잘 알려진)

모자 문제가 있다. 이 문제는 여러 가지로 변형되었고 그중 몇은 오일러의 시대에 만들어지기도 했다. 여기에서는 저자의 버전을 살펴보도록 하겠다.

집사는 파티에 참가하는 손님들이 도착하는 순서대로 그들의 모자를 받아 이름을 적은 메모지를 붙여 두었다가 손님들이 파티를 떠날 때 모자를 찾아 돌려준다. 하지만 집사는 와인 저장고에서 와인을 가지고 오는 업무 때문에 이름을 확인하지 못하고 무작위로 모자를 돌려주게 된다. 한 명의 손님도 자신의 모자를 돌려받지 못할 확률은 얼마일까?

이 확률은 손님의 숫자 n이 커질수록 1을 e로 나눈 수에 가까워지게 된다. 이전 예시의 근삿값인 2.718을 사용하면 $1/e$이 0.37에 가깝다는 것을 알 수 있다. 즉, 모든 손님들이 잘못된 모자를 가지고 나가게 될 확률이 약 37%라는 것을 뜻한다.

이상하게도 50명의 손님이든 50,000명의 손님이든 확률은 약 37%이다. 즉, 모자를 모두 잘못 돌려줄 확률은 손님의 숫자가 무한히 늘어나더라도 거의 변하지 않는다. 독자들은 어떻게 생각하는지 모르겠지만 나는 처음 이 문제를 접했을 때 이와는 전혀 다른 답을 기대하였다.

복리 이자, 오일러 공식, 확률……. 이러한 것들은 e를 담고 있는 수많은 수학 주제 중 일부에 불과하다. 실제로 e는 『월리를 찾아라』에서 월리가 발견되는 것만큼 특정한 수학 분야에서는 주기적으로 발견된다.

그러나 e에 변수를 지수로 놓아 만들어지는 매우 특별한 함수는 e가 유명해진 제일 큰 요인이었다.* 이 함수는 주로 e^x 형태로 적는데 e의 x 제곱을 뜻한다.

기본적으로 함수는 $x + 5$처럼 변수를 포함한 수식이다(수학책에서는 더 자세하게 정의하지만 우리는 이 정도로 이해하고 넘어가자.). 함수는 입력 숫자를 특정한 방법에 따라 고유한 출력 숫자로 변환시키는 컴퓨터 프로그램과 같고, $f(x) = x + 5$와 같은 방정식으로 쓰이는데 여기에서 $f(x)$는 'x를 변수로 가지는 함수'를 의미한다(이 유용한 표기법인 $f(x)$를 고안한 것도 오일러이다). $f(x) = x + 5$에 2를 대입하면 7의 함숫값을 얻을 수 있다. 즉, $f(2) = 2 + 5 = 7$이 된다. 또 다른 함수로는 $f(x) = 3x^2$이 있다(여기에서 $3x^2$은 3에 x^2을 곱한 값으로, 수학에서 숫자와 글자 사이의 곱셈 기호는 주로 생략되기 때문에 숫자와 글자가 붙어 있는 경우를 보면 그 사이에 곱셈 기호가 암시적으로 존재한다고 생각할 수 있다.). 이 함수의 경우 $f(2) = 3 \times 2^2 = 3 \times 4 = 12$이다.

* 변수는 고정되지 않은 숫자를 나타낸다. (e와 같은 특정한 숫자들은 수학에서 상수라고 불린다.) 변수는 주로 방정식에서 다음과 같은 질문을 나타내기 위해 사용된다. 이 방정식이 참이기 위해서는 어떤 상수가 대입되어야 하는가? 예를 들어 $x - 2 = 4$에서 변수 x는 '알려지지 않은' 상태이고 방정식을 풀었을 때 6이라는 하나의 상수를 나타낸다는 것을 알 수 있다.

x의 값이 양의 정수일 경우 e^x은 e를 x번 곱한 것을 뜻한다. 예를 들어 x가 2라면 e^x는 e^2이 되고 e가 약 2.718이라고 할 때 7.39에 가까운 숫자가 된다. 하지만 함수의 정의에 따르면 x는 꼭 양수이거나 정수일 필요가 없기 때문에 197/23과 같은 기괴한 분수를 대입할 수도 있다. 물론 다음과 같이 질문할 수 있다. "어떻게 한 숫자를 정수가 아닌 횟수로 곱할 수 있는가?"

이것은 알파벳 A와 B 사이에 다른 알파벳이 존재하는지 찾는 것처럼 터무니없는 문제로 여겨질 수 있지만 아침을 먹기 전에 무려 여섯 개나 되는 불가능한 것들을 믿을 수 있었던 루이스 캐럴 Lewis Carroll의 소설 『거울 나라의 앨리스 *Alice Through the Looking Glass*』에 나오는 하얀 여왕처럼 수학자들은 항상 불가능한 것들을 창조적으로 해결하려고 노력해 왔다. 수학자들은 1300년대 초반에 이미 지수의 개념을 확장하여 197/23과 같은 분수 또한 지수로 포함할 수 있도록 완벽하게 합리적인 개념을 정리하였다.*

---

* 14세기 프랑스의 니콜라스 오렘Nicholas Oresme은 분수로 된 지수를 연구한 최초의 수학자로 알려져 있다. 뉴턴은 1600년대에 그러한 지수의 현대적 정의를 정착시켰다. 하지만 17세기에 로그 함수가 발명되기 전에는 197/23과 같은 계산하기 불편한 지수의 값을 실제로 계산하는 것은 너무나도 어려웠다. 로그는 매우 큰 양의 곱셈이 포함된 계산을 단 몇 초 만에 풀 수 있는 단순한 절차로 변환시키기 때문에 지수 함수 계산에 매우 유용하다. 그러나 계산을 쉽게 하려고 만들어진 로그가 많은 학생들에게 더 어려운 것으로 여겨지는 것은 아이러니하다. 나는 그 이유가, 로그가 개발된 목적에 대해서는 설명하지 않고 그 기능만을 설명하기 때문이라고 본다.

이 책에서는 그러한 확장된 지수 함수의 세부적인 정의를 살펴보지는 않지만, 독자들이 하얀 여왕보다 뒤처져 있다고 느끼지 않도록 간단하게 분수를 지수로 가지는 숫자를 살펴보자.

$2^{\frac{5}{2}}$에서 지수는 5/2 또는 2와 2분의 1이다. 이것은 2보다 크고 3보다는 작기 때문에 $2^{\frac{5}{2}}$이 $2^2(=4)$보다는 크고 $2^3(=8)$보다는 작다고 할 수 있다. 어쨌든 지수가 1보다 큰 경우 지수가 더 커질수록 숫자가 증가하기 때문에 $2^{\frac{5}{2}}$는 4와 8 사이의 숫자일 것이고 계산기로 계산해 보면 5.66이라는 것을 알 수 있다.

이제 다시 e^x으로 돌아와 보자. 이 작은 함수가 왜 그렇게 중요한 것일까? 그 질문에 답하기 위해서는 일단 3만 피트 상공에서 빠른 속도로 펼쳐지는 미적분의 비행을 살펴보도록 하자.

미적분은 즉각적인 변화율과 관련되어 있다. 이것은 상당히 추상적인 개념이지만 실생활의 예를 통하여 살펴보자. 당신은 회의에 늦었기 때문에 제한 속도에 별로 관심을 두지 않고 고속 도로를 달리고 있다. 그러던 중 전방에서 과속 차량을 단속하고 있는 경찰을 발견했다. 당신은 경찰을 보자 속도를 늦추기 시작하였다. 경찰이 당신의 차를 발견한 순간 당신 차는 얼마의 속도로 달리고 있었을까?

이 질문은 우리가 생각하는 것보다 훨씬 더 복잡하다. 원칙적으로는 어떤 단일 시점에서의 변화율을 수량화하는 과정이 필요한데, 여기에서 어려운 점은 '단일 시점'을 정의하는 일이 어렵다는 것이다. 흔히 특정 시점을 숫자열의 한 점과 유사하게 생각하는 것이 자연스럽게 여겨지지만 그러한 관점은 오류로 이어진다. 이 질문에 답하는 것은 매우 어려운 일이다. 한 시점 t_2가 있는데 그 점 바로 옆에 t_1이라는 시점을 표시할 수 있는가?

물론 그 질문에 대한 답은 '그렇다'가 되어야 한다. 만약 그렇지 않다면 어떻게 시간이 흘러가는 것일까? 하지만 어떤 t_1과 t_2 사이에서 다른 시점을 확인해 볼 수 있다. 예를 들어 오후 1시 1분과 1시 2분 사이에서 오후 1시 1분 30초와 같은 시간을 찾을 수 있다. 이와 마찬가지로 어떤 t_1과 t_2가 매우 가깝더라도 여전히 모든 초 간격 사이에서 다른 시점을 찾을 수 있다. 그렇다는 것은 즉각적인 시점이 불가능하다는 것을 뜻한다. 요컨대 우리가 시간에 대한 직관에 모순이 숨겨져 있다는 것이다.

이 문제의 근원은 우리가 '단일 시점'이나 '특정 시점'과 같은 용어를 사용하면서 이해할 수 없는 무한대의 영역에 다가간다는 데 있다. 그러한 용어들이 직관적으로 의미하는 것은 시계의 초침이 무한하게 작은 순간들로 이루어져 있다는 것이다. 오일러 공식을 살펴보면서 이 시계의 영역을 몇 차례 다시 언급하겠지만 오일러의 공식을 도출해 내기 위해서는 이 문제를 해결하고 가야 한다.

하지만 우리가 여기에서 살펴보고자 하는 주제는 미적분이기 때문에 이 영역에 대한 문제는 가볍게 다루고 넘어가도록 하자. 실제로 미적분은 무한대를 뛰어넘기 위해 개발된 매우 기발한 기술이라 일컬을 수 있으며, 무한대에 관한 문제를 단순한 산술 문제의 형태로 제시하는 것이라고 생각할 수 있다. 이 책에서는 그러한 비결들을 자세히 다루지는 않지만, 관심이 있다면 기초 미적분학을 자세히 다룬 많은 책들과 온라인 입문서들을 찾아보는 것도 도움이 될 것이다. 하지만 그냥 어떤 문제들 때문에 미적분이 만들어졌는지 살짝 훑고 지나가도록 하자.

앞에서 이야기하던 것으로 다시 돌아가서, 경찰관이 당신에게 운전면허증을 요구하면 당신은 "경찰관님, 저는 과속을 하지 않았어요." 라고 말할지도 모른다.

경찰관이 말한다. "측정기를 보니 당신은 시속 120km로 달리고 있었고 당신이 막 지나친 속도 제한 표지판은 시속 80km라고 적혀 있습니다." 당신은 말을 이어 간다.

"경찰관님이 초등학교 수학 시간에 배웠듯이 속도는 움직인 거리를 걸린 시간으로 나눈 것을 뜻하죠. 하지만 제 차의 속도를 측정한 한 순간은 말 그대로 순간으로서 0의 시간이 흐른 상태입니다. 그러니까 그 순간에 제 차의 속력을 구하기 위해서는 0으로 나누어야 하고 수학에서 0으로 나누는 것은 엄격히 금지되어 있기 때문에 제 차의 속력을 구할 수 없다는 것이 됩니다. 그렇기 때문에 제 차의 속도를 측정한 순간에는 속도가 존재하지 않기 때문에 어떠한 숫자도 넣어서는 안 되고 법정에서도 지지받지 못할 겁니다."

경찰관은 잠시 생각에 잠긴 뒤 당신의 주된 전제를 공격한다. "제가 속도 위반자들에게 들었던 변명 중 가장 어처구니가 없는 변명이군요. 0으로 나누는 것은 하나도 문제가 없습니다."

당신은 펜과 종이를 꺼내며 다음과 같이 얘기한다.

"자, 기다려 보세요. 만약 수학에서 0으로 다른 수를 나누는 것이 허용된다면 우리가 알고 있는 전체의 수학 법칙이 연기처럼 사라지게 됩니다.

그 이유를 설명해 드리죠. 일단 숫자 1을 0으로 나눌 수 있다고 해 봅시다. 초등학교 수학에서 배운 것처럼 1을 0으로 나눈 값을 분수로 1/0이라고 적을 수 있습니다(이 시점부터 말하면서 종이에 숫자를 적기 시작한다.).

만약 1/0이 숫자로 정의된다면 1/0 × 0 = 1이고 (1/2 × 2 = 1처럼) 1/0 × 0 = 0(1/2 × 0 = 0)이라는 두 방정식이 성립합니다. 그렇게 되면 0과 1이 모두 1/0 × 0과 같아야 하므로 1 = 0이 됩니다.

이제 아무 숫자나 선택해 보죠. 50을 택했다고 하면 1 = 0의 양변에 50을 곱합니다. 방정식의 양변에 같은 숫자를 곱했으니 곱셈 후 양변의 값이 같아야 하죠. 그러니 50 × 1 = 50 = 50 × 0, 결국 50 = 0이 되겠군요. 이 과정을 통해 모든 숫자가 0과 같다는 것을 증명할 수 있습니다. 이렇듯 숫자를 0으로 나눌 수 있도록 허용하게 되면 모든 숫자가 0과 같아집니다. 이는 전체 숫자 시스템이 사라지게 되는 것을 의미합니다.

경찰관님은 당신이 지금 매우 열정적으로 쓰고 있는 과속 딱지에 대하여 판사에게 설명해야 할 겁니다. 제가 지금 설명한 것처럼 당신의 주장은 시작부터 잘못되었고 만약 판사가 당신의 편을

들어 준다면 저는 당신이 주장한 시속 120km가 실제로는 시속 0km와 같다는 것을 지적할 수밖에 없습니다. 즉, 당신의 주장에 따르면 나는 도로 한편에 주차하고 있었다는 것이고, 과속 측정기가 잘못된 것입니다. 저는 과속 측정기들이 잘못되었다는 것을 늘 알고 있었습니다."

이 작은 길가의 촌극에서 묘사된 경찰관이 어리석다고 생각하지는 말기 바란다. 위대한 두 수학자들(뉴턴과 라이프니츠)의 시대에 이르러서야 미적분학이 발명되어 순간 변화율을 구할 수 있었다. 또한 수학자들이 미적분과 관련된 기법을 견고하고 설득력 있는 방식으로 공식화하는 데에는 2세기가 더 걸렸다.

따라서 경찰관이 미적분학을 배웠다면 (또는 이 책을 읽었다면) 그는 쉽사리 당신의 사탕발림을 털어 버릴 수 있을 것이다. 실제로 미분학(적분학과 함께 미적분학을 구성하는 주된 요소)은 다음과 같은 질문들에 대한 답을 구하기 위해 변화를 나타내는 함수들을 다루는 방법을 다룬다.

"만약 한 자동차가 정지 표지에 멈춘 다음 x초 동안 $8x^2$의 거리를 이동했다면 정확히 5초가 흐른 후 이 차의 순간 속도는 얼마일까?"

수학을 공부하는 학생들이 실제로 이런 절차를 특정한 함수(매우 많은 함수들)에 적용하는 것은 매우 어려운 일이다. 미적분학을 공부하는 학생들은 어려운 난이도 때문에 매우 큰 고통을 겪기도 한다(미적분학의 두 가지에서 모두 일어나지만 특히 면적과 부피를 계산하는 적분학에서 더 큰 문제가 된다.). 그러한 면에서 e^x 이라는 함수는 매우 특별한 성질을 가진다. e^x은 미분과 적분에서 변하지 않기 때문에 미적분 법칙을 이 함수에 쉽게 적용할 수 있다. 즉, e^x 을 수반하는 미적분학 문제는 매우 쉽다는 것을 알 수 있다.

예를 들어, 자동차가 정지 표시에서 멀어질 때 이 차로 이동한 거리를 e^x 이라고 표현할 수 있다. 이 차는 x 초 동안 e^x 거리를 이동한 것이므로 그 기간 동안의 순간 속도 또한 e^x(초당 거리)이라는 것을 알 수 있다. 다른 어떤 함수도 이토록 무한한 사용자 친화적인 성질을 가지지는 않는다.*

그 성질 때문에 e^x 에 기반을 둔 변화 모형을 만들 수 있다는 장점이 있으므로 이 함수가 특히 유용하다. 이러한 모형을 지수 성장이라고 부른다(줄어드는 경우는 지수 감소라고 부른다.). 그런데 특이하게도 이 함수는 증가하거나 감소하는 속도가 그 양에 비례하는 성질을 가진다. 전염성이 강한 바이러스의 전염률은 그 바이러스에 감염된 사람의 숫자에 비례한다는 사례가 있다. 또 다른 예로는 인구 성장이나 플루토늄의 방사선 붕괴, 맥주 거품이 사라지는 속도 등이 있다(후자의 경우 여러 대학 수준의 연구에서 실증적으로 확인되었다.).

---

* 정확하게 말하자면 e^x에 c를 곱한 형태인 ce^x 또한 같은 성질을 가진다. 여기에서 c는 0이 아닌 숫자를 나타낸다. 하지만 이것들은 그저 사소한 변형에 불과하고, 여기에서 중요한 것은 e^x이기 때문에 이후에도 e^x을 기준으로 다루기로 한다.

e^x은 이러한 목적에 사용될 수 있는 더욱 특별한 성질을 가지고 있는데, 그것이 바로 오일러 공식의 핵심이다. 이 공식의 첫 항은 $e^{i\pi}$으로서, 이것은 e^x에 일반적이지 않은 두 상수가 지수 변수에 대입된 것이다. 상수 $i\pi$는 i에 원주율을 나타내는 익숙한 상수 π를 곱한 것이다. 오일러의 멋진 증명을 설명하면서 어떻게 i를 x에 대입한 것이 또 다른 흔한 변화 형태의 모형을 만드는 능력을 가지게 되었는지 볼 수 있다. i는 전기 교류나 음파, 그네를 타고 앞뒤로 움직이는 것을 포함한 진동의 변화 현상 모형을 만드는 데에도 중요한 역할을 한다.

다큐멘터리 영화를 찍는 듯한 자세로 글을 쓴다면 오일러 공식의 역사를 탐험하는 사람이 환각을 일으키는 무한대의 영역에 들어가 본 후 이 익숙한 작은 수학적 표현에 놀라운 힘이 숨겨져 있음을 깨닫고, 이후 다른 수학자, 과학자, 기술자 들이 이것을 사용하여 세상을 어떻게 바꾸었는지에 대한 내용으로 요약할 수 있었을 것이다.

e라는 수는 4나 10 같은 숫자와는 달리 우리가 제대로 이해하기 어려운 측면이 있다. 그러나 이러한 문제는 비단 e라는 수에만 해당하는 것이 아니다. 사실 실수열은 e처럼 무한한 소수 자리를 가진 무리수들로 가득 차 있다.

무리수는 2/3, 5/2, 3/1처럼 분수로 표현할 수 없는 숫자를 나타낸다. 즉, 무리수는 두 정수의 비율로 나타낼 수 없다.

비율은 2대 3 또는 2:3과 같은 방법으로 표현되는 경우가 많지만 사실 분수와 동일한 숫자의 관계를 나타낸다. 예를 들어, 조리법에서 설탕 대 밀가루의 비율이 1대 3이라면 1/4의 설탕과 3/4의 밀가루를 혼합하는 것과 같다.

비율로 나타낼 수 있는 숫자들은 유리수라고 부른다.

분수로 표현할 수 있는 모든 숫자들은 십진수의 소수로 변환했을 때 순환 소수와 비순환 소수라는 두 범주에 속한다. 1/2은 0.5와 같고 1/3은 0.3333……과 같은데 이때 3이 무한히 반복된다(한편 비순환 소수는 무한한 0이 이어진다고 생각할 수 있다.). e와 같은 무리수들은 소수점 자리의 값이 1/3처럼 반복되는 것이 아니라 특정한 유형 없이 무한하게 이어지기 때문에 이 두 범주 모두에 속하지 않는다. 이러한 성질 때문에 무리수는 정확하게 모든 자리의 값을 적을 수 없게 되는데, 이를 통하여 무리수야말로 무한대로 향하는 길의 시작이라고 말할 수 있다.

오늘날에는 무리수들이 그리 대수롭지 않은 것으로 간주되지만 약 2500년 전에 이 숫자들을 발견했던 고대 그리스의 수학자들은 매우 당황스러워했다. 그러한 역사적인 발견의 주역은 수학자이자 철학자이며 신비주의자였던, 플라톤Platon과 같은 이후 그리스 사상가들에게 막대한 영향을 끼친 피타고라스Pythagoras의 추종자들이었다. 피타고라스 학파는 시간의 안개 속에 많은 것들이 가려져 있고, 그들에 대하여 전해져 내려오는 이야기의 대부분은 그들이 살았던 시대로부터 수 세기 동안 알려졌던 전설과도 같은 이야기들이다. 한 생소한 전승에 따르면, 피타고라스는 매우 치명적인 콩 공포증을 가지고 있었다고 한다. 그는 노년에 적들에게 추격을 당하던 중 콩밭에 이르게 되었는데 콩 공포증 때문에 밭에 들어가 숨는 것을 거부하여 적들에게 잡혀 목이 베였다는 것이다(물론 이 이야기는 사실이 아닐 가능성이 높다. 피타고라스처럼 머리 좋은 사람이, 또한 넓적다리가 황금으로 되어 있다는 전설을 가진 사람이 추적자들을 매수하는 등 살아날 방법을 마련하지 못했을 리 없다.).

가장 흥미로운 이야기는 피타고라스 학파에서 각 변의 길이가 단위 1인 정사각형의 대각선 길이와 같은 특정한 수를 분수로 표현할 수 없다는 사실을 발견한 것이다. 그러한 발견을 통하여 무리수가 존재한다는 것을 알게 되었고, 고대 그리스 수학자들은 무리수의 본질을 아주 기초적으로 이해하는 상태에서 꺼림칙하고 이상하다고 여겼다. 전설에 따르면, 피타고라스 학파 구성원들은 이 불쾌하게 이상한 숫자를 대중에게 알렸던 히파소스Hippasus를 물에 빠트려 죽였다고 한다. 히파소스가 폭로한 내용은 만물이 우주의 완벽한 구성 요소인 양의 정수와 그 분수들로 이루어져 있다는 피타고라스 학파의 주장과 부딪혔기 때문이다. 피타고라스 학파 구성원들은 자신들의 구조에 어울리지 않는 숫자의 존재가 자신들의 모든 세계관을 완전히 무너뜨릴 수 있는 위협으로 받아들였다.

히파소스의 이야기처럼 무리수는 충분히 시간을 가지고 받아들여져야 한다. 하지만 피타고라스 학파의 구성원들은 자신들의 질서정연한 정신 세계 중간에 존재하는 놀라운 문을 넘어서면서 두려움에 빠졌는지도 모른다. 그리고 수학자들이 무리수에 관심을 가지고 난 후 2천 년이 지나고 나서야 무리수를 다룰 수 있는 개념적 도구들이 발명되었고 꽁꽁 감추어졌던 경이적인 결과와 영향들이 마침내 모습을 드러내었다.*

---

* 1872년 독일의 수학자 리하르트 데데킨트Richard Dedekind는 무리수를 실수열의 유리수 사이에 존재하는 균열로 정의하여 무리수를 다루는 도구를 개발하였다. 더 정확하게 말하자면, 그는 무리수가 실수열의 수들을 두 집합으로 나누는 '절단'이라고 정의했는데, 이때 그 무리수 좌측열의 집합 A의 모든 수들은 우측열의 집합 B의 모든 수보다 작다. 이 내용이 너무 난해하다면 무리수가 완전히 유리수만을 사용하여 정의된다는 중요한 사실을 아는 것으로 충분하다(또한 이 유리수들은 정수로 만들어져 있기 때문에 이렇게 완전한 정수를 좋아하지 않을 이유가 없지 않을까?). 또한 귀찮은 무한대 기호(∞)를 사용하지 않고도 무리수가 구성될 수 있도록 한다. 요약하자면 데데킨트의 방식은 문제를 회피하면서도 이론적으로 정당한 무리수의 정의라고 할 수 있다.

3장

이것은 심지어 굴뚝을 넘어 찾아오기도 한다

E U L E R ' S   E Q U A T I O N

π

원의 둘레와 지름 사이의 비율인 파이(π)는 너무 익숙한 숫자이기 때문에 따분하게 보일 수 있다. 3월 14일에 사람들이 파이를 먹으면서 수학에 대해 이야기하는 축제가 있다(3.14는 약 3.14159인 π의 첫 세 자리 숫자를 나타낸다.). 하지만 사실 π는 e와 같이 수학의 여러 주제 안에 있는 갈래들의 벽을 통과하는 으스스한 귀신 같은 숫자라고 할 수 있다.

e 처럼 숫자 π 또한 다른 방식으로 중요한 의미를 갖는다. 그것은 오일러와 같은 시대에 활동했던 스위스의 수학자 요한 람베르트Johann Lambert가 1761년에 증명한 무리수라는 점이다. 1882년 독일의 수학자 카를 루이스 페르디난트 폰 린데만Carl Louis Ferdinand von Lindemann은 π 가 무리수일 뿐만 아니라 초월수라는 더욱 드문 특성을 가진다는 것을 증명하였다. 초월수는 무리수의 일종으로 일반 연산과 대수학에서 볼 수 있는 다른 수들보다 더욱 유리수에서 멀리 떨어져 있는 숫자를 뜻한다(프랑스의 수학자인 샤를 에르미트Charles Hermite는 1873년에 e 또한 초월수라는 사실을 증명하였다. 오일러를 포함한 수학자들은 17세기와 18세기에 초월수가 존재한다는 것을 시사했지만 그중 누구도

실제로 초월수가 존재한다는 것을 확실히 알지는 못했고 프랑스의 수학자인 조제프 리우빌Joseph Liouville이 1844년에 자신이 생각해 낸 무한히 복잡한 분수들이 초월수라는 것을 증명하면서 그 존재가 밝혀지게 되었다.).

초월수는 정수 상수에 x를 곱한 모든 다항식의 해가 아닌 수로 정의된다. 다항식은 대수학에서 학생들이 푸는 일반적인 종류의 방정식을 말하는데(방정식은 x에 여러 지수를 두고 여러 상수로 곱한 후 수식을 풀어 x의 값을 찾는 것을 뜻한다.), $x^2 - 2x - 35 = 0$이라는 이차 방정식을 예로 들 수 있다. 이 방정식의 해는 7이다. 즉, x에 7을 대입하면 방정식이 참이 된다는 것이다. 그렇기 때문에 7은 초월수가 아니다. 그리고 이와 같은 이차 방정식이 아니더라도 $x - 7 = 0$이나 $x^3 - 343 = 0$의 해도 7이기 때문에 7은 초월수가 아니라는 것을 바로 알 수 있다. 또한 기초 수학에서는 다항식을 통하여 그 수들이 초월수가 아니라는 것을 쉽게 증명할 수 있다. 그렇지만 주어진 숫자가 초월수라는 것을 증명하는 일이 매우 어려워질 수도 있는데, 초월수 중 유일하게 잘 알려진 숫자들은 π와 e이다. e^π은 초월수로 알려져 있지만 아직 누구도 π^e, e^e, π^π이 초월수라는 것을 증명하거나 반증하지 못했다. '초월'이라는 용어는 그러한 숫자들이 다항식의 해가 될 수 있는 대수학적 숫자의 집합 바깥에 존재한다(또는 그러한 집합을 초월하여 존재한다.)는 것을 뜻한다.

그러나 π 에서 가장 주목할 만한 사실은 이것이 원과는 전혀 상관없어 보이는 계산을 포함한 수학의 모든 곳에서 발견된다는 것이다. 물리학자인 유진 위그너Eugene Wigner는 이러한 점을 강조하면서 인구 특성을 연구하던 한 통계학자가 π 를 포함한 인구 통계 공식을 친구에게 보여 준 이야기를 남겼다. 방정식에서 π 를 발견한 친구는 "자네 농담이 너무 심한 것 아닌가? 인구가 원주율과 무슨 관계가 있다는 말인가?"라고 답했다고 한다.

19세기의 수학자이자 논리학자인 오거스터스 드 모르간Augustus de Morgan은 "이 신비한 숫자 3.14159…는 모든 문과 창문과 굴뚝으로 찾아온다."라고 말했다. 거기에 덧붙여 π 는 수학자의 방정식 페이지에 몰래 들어가서 겉으로 보기에는 원주율이 전혀 자리 잡을 권리가 없는 것처럼 보이는 곳에 자리를 잡고 『이상한 나라의 앨리스』에서의 체셔 고양이 같은 조롱 섞인 웃음을 짓고 있을지도 모른다.

1671년 스코틀랜드의 수학자 제임스 그레고리James Gregory는 무한수열의 합을 이리저리 연구하던 중 π 가 너무나도 자연스럽고 조용히 등장하는 놀라운 방정식을 발견하였다. 그는 1을 홀수로 나눈 분수들을 더하고 빼는 방식으로 이어 갈 때,

$$1-1/3+1/5-1/7+1/9-1/11+\cdots$$

(여기에서 말줄임표는 같은 방식의 계산이 무한히 이루어진다는 것을 뜻함)

와 같이 총합이 π의 4분의 1, 즉 $\pi/4$라는 것을 발견하였다(수학에

서는 이렇게 유사한 분수들의 무한한 합을 수열의 합이라고 부른다. 오늘날의 수학자들은 이 수열의 합의 극한이 $\pi/4$라고 표현할 것이다.). 3년 후 미적분학을 공동 개발한 고트프리트 빌헬름 라이프니츠Gottfried Wilhelm Leibniz는 독립적으로 같은 방정식을 발견한다. 역사학자들은 이 수학적 사실의 첫 발견자는 14~15세기 인도의 한 수학자였을 것이라고 추정한다.

이 무한한 분수들 수열의 합이 $\pi/4$라는 것을 증명하기 위해서는 삼각 함수가 필요하다. 나중에 다시 설명하겠지만 삼각 함수는 원과 매우 밀접하게 연관되어 있다. 따라서 무한수열의 합과 원 사이에 어떤 관계가 있을 것이라고 추측할 수 있고, 실제로 π와 무관해 보였던 수열의 합 사이에도 어떤 관계가 존재한다는 것을 얼마쯤 알 수 있다. 수학은 그러한 놀라운 연결 관계들이 수없이 존재하며 그것이 수학의 가장 큰 매력 중 하나이다. 실제로 수학은 음모론자들이 가장 좋아할 만한 주제라고 할 수 있다. 왜냐하면 음모론자들은 예기치 않은 연결 고리가 발견될 경우 그것을 사용하여 자신들이 원하는 음모를 설명할 수 있기 때문이다(누가 이 재치 있는 관찰을 처음으로 했는지는 찾지 못했지만 그러한 과정이 되풀이되는 것은 사실이다. 하지만 내가 아는 수학자들은 일반적인 음모론자들보다 훨씬 더 영리하기도 하다.).

그레고리의 무한수열의 합과 π 사이의 관계는 상당히 복잡한 수학적 증명으로 설명될 수 있지만 그냥 보아서는 그것을 알 방법이 없다. 수학 수업에서 질서정연한 단순하고 순수한 분수들을 위와 같은 방법으로 더하고 뺐더니 갑자기 무한히 복잡한 숫자 괴물이 나타나 당신의 얼굴 앞에서 소리를 지른다고 상상해 보라. 원주율 π 가 초월수이건 아니건 무한히 원의 구조에 빠져 있는 이 수식을 보면서 수학에 더 겁을 먹게 될 수도 있다.

이러한 기이한 경우들은 무한의 영역으로 넘어갈 때 나타날 수 있는 것 중 일부에 불과하다. 이 방정식의 경우 수식을 무한대로 연결하는 통로는 수식 끝에 위치한 점 세 개인데 오일러 시대의 수학자들은 특히 이 숫자를 사용하여 무한대를 나타내는 것을 선호하였다. 그들은 그레고리-라이프니츠의 무한수열의 합과 유사한 수열을 고안하여 π 와 e 같은 무리수들을 전례 없이 정확하게 추정하게 되었고, 오일러는 무한대를 나타내기 위해 자신이 자주 사용했던 방법을 통하여 e^x과 같은 초월 함수를 무한수열의 합으로 나타낼 수 있다는 것을 증명하였다. 이후 그것이 어떻게 오일러 공식으로 이어지게 되었는지 살펴보도록 하겠다.

하지만 무한수열의 합은 종종 사람들을 매우 혼란스럽게 만든다. 다음의 문제를 살펴보자.

$$1 - 1 + 1 - 1 + 1 - 1 + \cdots =$$

만약 이 무한수열의 합을 다음과 같은 방식으로 본다면 답이 1이 될 수 있다. '$1 + (-1 + 1) + (-1 + 1) + \cdots$'에서 모든 $(-1 + 1)$은 0이 된다. 괄호 안의 어떤 연산자를 먼저 실행하는 것은 결과를 바꾸지 않는 것처럼 보인다. 실제로 '2 − 3 + 4'는 3이고 '(2 − 3) + 4'와 '2 + (−3 + 4)' 또한 3이다. 하지만 위의 무한수열의 합을 '(1 − 1) + (1 − 1) + …'이라고 적게 되면 모든 괄호의 값이 0이 되기 때문에 무한수열의 합은 0이 된다.

이성적이고 논리적인 사람은 1과 0이 모두 같은 무한 합의 값이기 때문에 1 = 0이라는 결론을 내리게 된다. 하지만 이것은 이전 장에서 다룬 것처럼 전체 숫자 체계를 무너뜨리는 결과를 가져온다. 이렇게 사고방식을 뒤틀어 만들어 내는 문제를 '그란디 급수(Grandi's Series)'라고 부르는데 이것은 수학에서 매우 깊게 고려된 것이다. 오일러는 이 수열의 합이 1/2이라고 보았고, 그 시대의 다른 수학자들 또한 그렇게 생각하였다. 오늘날에는 '발산 급수'라고 여겨지는데 무한수열의 합에 어떤 값을 붙일 수 없다는 것을 뜻한다. 이 경우 무한수열의 값은 무한하게 1과 0 사이를 오르내린다.

그렇다면 무한대를 숫자처럼 취급하고 그것으로 산술 연산을 하게 되면 어떻게 될까? 이내 "무한대 더하기 무한대는 무한대이다. 그러므로 무한대는 무한대의 두 배이다."와 같이 괴상한 결론에 이르게 된다(물론 0을 0에 더하면 0이 되지만 0은 수의 크기를 나타내는 것이 아니기 때문에 0은 0의 두 배라고 표현할 이유가 없다.). 같은 논리로 무한대에 매우 큰 수를 곱해도 여전히 무한대라는 것을 알 수 있다.

이런 정신 나간 것 같은 과정들을 통하여 우리는 무한대를 숫자로 간주하는 것은 좋지 않다고 결론지을 수 있다. 하지만 무한대를 나타내는 숫자가 없다고 주장하게 되면 1, 2, 3, … 등의 수열이 어떤 끝에 다다르지 않는다는 것을 의미한다. 이것이 '무한대의 두 배는 여전히 무한대이다.'라는 것과는 직관적으로 반대되는 결론이 된다.

무한한 숫자 때문에 당혹스러운 결과를 초래한 것은 아주 오래 전부터 이어져 왔다. 가장 오래된 이야기는 옛 소크라테스 시대의 철학자인 제논Zenon이 무한에 대한 유명한 역설을 제시한 것이다. 2장에서 다루었던 시점에 대한 역설을 통하여 그것을 간접적으로 겪은 것인데 아리스토텔레스 이전의 그리스 사상가들은 무한대를 도저히 이해하지 못하고 당황스러워했다고 할 수 있다. 이후 아리스토텔레스의 무한대 정의가 2천 년간 이어지게 된다.* 그가 주장하는 무한대는 현실이 아니라 잠재적으로 존재하는 것이다. 이것은 마치 정수(1, 2, 3, …)처럼 '우리의 생각 밖에 있지 않다.'

아리스토텔레스의 주장은 무한이 제기하는 모든 문제들을 해결하지 못했고 철학적인 논쟁도 끝내지 못했다. 아리스토텔레스는 '무한대는 진실이 아닌 상상의 과정이기 때문에 잠재적으로는 존재하지만 실제로 존재하지 않는 것이다.'라고 문제를 교묘하게 회피하도록 무한대의 개념을 정리하였다. 그 덕분에 사람들은 복잡하게 생각하지 않고서도 무한대의 문제를 조심스럽게 피할 수 있었다. 미래의 수학자들은 잠재적 무한대와 그와 연관된 무한한 과

* 신의 영역이라고 여겨졌기에 감히 언급하지 못했던 아리스토텔레스 시절의 무한은 가상의 허구적인 개념이었는데, 무한이 실제 값을 가지는 하나의 의미 있는 개념으로 인정받기까지는 오랜 시간이 걸렸다. -편집자 주

정이 쌓은 개념적 토대 위에서 극한에 접근하는 것과 같은 수학적 도구들을 개발하였다.

그렇지만 1600년대에 미적분학이 나타나면서 무한과 관련된 새로운 문제들이 생겼다. 함수를 조작하는 미적분의 절차는 무한소(미분)라고 불리는 숫자를 정립하여 순간 변화율을 구할 수 있도록 했는데, 무한소는 지속적으로 작아지다가 결국 사라지는 숫자를 의미한다. 이렇게 입자 같은 작은 숫자들은 매우 작고 유한한 값으로 고려되기도 하였고, 계산을 편리하게 하기 위해서 0이라고 여겨진 시절도 있었으며, 뉴턴은 이것을 사라지는 수량이라고 부르기도 하였다. 하지만 그 용어는 마치 마술에 사용되는 소품과 같은 느낌을 주었기 때문에 그 수량의 수상한 본질을 잘 반영하지 못했다. 영국 성공회의 주교이자 철학자인 조지 버클리George Barkeley는 "무한소는 유한한 작은 수량도, 무한하게 작은 수량도 아니고 그 무엇도 아니다. 이 귀신 같은 수량들을 과거의 이름으로 불러서는 안 되지 않겠는가?"라고 하면서 당시의 새로운 수학의 심장에 내재된 모순을 풍자한 것으로 잘 알려져 있다.

1800년대의 수학자들은 미적분의 기초를 엄격하게 재구성하면서 문제가 되는 수학적 귀신들을 제거했다고 여겼다. 하지만 19세기 후반 독일의 수학자 게오르크 칸토어Georg Cantor는 아리스토텔레스의 '이것은 정말 실재하는 것이

집합론의 창시자 칸토어

아니다.'라는 이론을 기반으로 미적분을 재정립하여 혁명을 일으켰다. 그 결과 수학자들은 아직도 해결되지 못한 무한대라는 쟁점과 다시 한 번 마주하게 되었다. 칸토어는 자신의 새로운 아이디어를 집합 이론의 언어로 기술했는데, 집합 이론은 양의 정수나 0과 1 사이의 모든 분수나 모든 무리수와 같이 그룹을 다루는 수학의 분야이다. 그는 그러한 집합들이 잠재적인 무한대가 아니라 사실적인 무한대를 포함한다고 주장하였다.

칸토어는 '무한 + 무한 = 무한'같이 이상해 보이는 산술적 표현을 기쁘게 받아들였다. 하지만 그는 무한한 크기를 가진 집합 중 일부는 실제로 다른 집합들보다 더 크다는 것을 증명하였다. 수의 집합 중 무리수의 집합이 유리수의 집합보다 더 크다는 것을 증명한 것을 예로 들 수 있다. 실제로 칸토어의 이론에서는 무한대에 무한한 차원이 존재한다.

그런데 이것은 시대를 너무 앞서 나간 이론이었고 칸토어와 동시대에 활동한 많은 이들은 이것을 헛소리로 여겼다. 프랑스의 수학자 푸앵카레는 칸토어의 이론이 수학을 감염시킨 '심각한 병'이라고 말했다. 하지만 칸토어를 지지했던 이들도 있었다. 그중 가장 유명한 지지자는 1926년 "그 누구도 우리를 칸토어의 무한성 이론의 천국에서 추방할 수 없다."라고 주장한 독일의 다비드 힐베르트 David Hilbert였다. 우울증을 겪었던 칸토어는 힐베르트가 그 주장을 하기 8년 전에 정신 병원에서 사망했다. 칸토어가 그동안 겪었던 어려운 도전이 우울증에 영향을 미쳤는지는 분명하지 않지만 유명한 수학자들이 자신의 이론을 헛소리로 여겼을 때 겪어야 했던 스트레스를 생각한다면 간접적으로나마 그러한 영향을 받았을 수도 있다.

그러나 수학자들은 불빛에 이끌리는 나방처럼, 멀리에서 꺼져가는 불을 보고 찾아가는 야간 여행자처럼 무한대에 이끌려 왔다. 수학자들이 무한대에 그토록 매료된 것은 잠재된 무한한 결실 때문일지도 모른다. 그러한 논쟁을 통해서 수학자들은 무한대를 실용적인 문제들을 해결하는 데(비록 사용하는 것이 쉽지는 않지만) 매우 유용한 개념적 도구라고 여기게 되었다. 그러한 이유로 1655년 영국의 수학자 존 윌리스John Wallis는 무한대의 기호인 ∞ 를 도입했고(가끔은 게으르게 누운 8이라고 불리기도 하지만), 이후 수학의 모든 분야에서 흔히 볼 수 있게 되었다. 앞에서 언급한 것처럼 오일러는 무한대를 사용하여 '오일러 공식'을 도출해 낸 일반 방정식을 유도하는 것을 포함하여 수학적으로 획기적인 수많은 업적을 이루었다.

간단히 말하자면 무한대는 자신을 바라보는 모든 것들을 공포와 경악에 빠지도록 만드는 거대한 용이 실제로는 농촌을 여행하면서 농부들의 쟁기를 끌어 주는 등 정직한 방식으로 생계를 꾸려나가는 것에 비유할 수 있다*(즉, 여전히 무한대에는 또 다른 모순성이 존재한다는 것을 뜻한다.).

---

* 빌 피트의 유쾌한 명작 동화『어떻게 드래곤 드루퍼스는 머리를 잃게 되었나*How Droofus the Dragon Lost His Head*』에서 인용하였다.

π의 흥미로운 역사로 돌아가 보자. π에 대한 이야기는 근본적으로 측정할 수 없는 숫자의 크기를 구하려는 한 사람에 대한 이야기이다(그것이 무리수의 본질이다.). 우리가 π라고 부르는 숫자는 수천 년 동안 사람들을 매료시켜 왔다. π에 대한 연구는 수학의 가장 오래된 연구 주제로 알려져 있다. 이 숫자가 관심을 받게 된 주된 이유는 원의 둘레를 구하는 데 매우 편리하다는 점이다. 예를 들어 전차 바퀴 둘레를 감싸는 데 필요한 금속 띠의 길이를 알고 싶다면 바퀴의 지름을 측정한 다음 π를 곱해서 둘레를 구할 수 있다.

최초로 원의 크기에 상관없이 모든 원의 지름에 3보다 약간 큰 숫자를 곱해서 둘레를 구할 수 있다는 것을 발견한 사람이 누구인지는 알려져 있지 않지만 최소한 4천여 년 전 고대 이집트인들과 바빌로니아인들이 이러한 사실을 알고 있었던 것은 확실하다. 그러나 그리스 문자 π를 사용해 이 숫자를 나타낸 것은 1700년대 후반 한 수학자가 사용하기 전까지는 일반적이지 않았다. 이 숫자를 원주율로 확정시킨 수학자는 모두가 알고 있듯이 오일러이다.

단일 숫자가 모든 원과 관련된 계산에 보편적으로 적용될 수 있다는 것을 사람들이 이해하게 된 후 얼마 지나지 않아 이 숫자를 두 정수의 비율, 즉 분수로 나타내려는 노력이 시작되었다.* π와 같은 무리수는 분수로 나타낼 수 없기 때문에 π를 분수로

* 고대에는 3.14159와 같이 10진수 소수를 사용하여 π의 근삿값을 구할 수 없었다. 숫자를 소수로 나타내는 현대의 표기법은 인도에서 시작되어 아랍 수학자들을 통해 서양으로 전해진 뒤 16세기 유럽에서 확립되었다.

나타내려는 시도는 결코 성공할 수 없다. 18세기에 이르러서야 π가 무리수라는 것이 밝혀졌기 때문에 고대의 수학자들은 그것을 알지 못한 채 π를 정확하게 구하려는 노력을 이어 갔다. 하지만 π를 분수로 나타내기 위해서 기울였던 모든 노력이 헛된 것은 아니었다. 근본적인 목적은 달성되지 못했지만, 그 과정에서 π에 가까운 근사법을 포함한 흥미로운 여러가지 수학들이 개발되었다.

고대 그리스의 수학자인 아르키메데스는 정다각형(정지 표지판에 쓰이는 팔각형*을 포함한 정다각형)을 사용하여 근삿값을 구하는 가장 초기의 방법을 생각해 냈다. 다각형의 규칙적인 둘레를 계산한 다음 그 중심을 지나는 지름과 같은 선의 길이로 나눈 값이 π의 근삿값이 된다. 아르키메데스는 96면을 가진 다각형에 이 방법을 사용하여 π가 22/7보다 약간 작다는 것을 나타내었고, 많은 사람들은 오랫동안 이 수치를 π의 정확한 값으로 알고 사용해 왔다.

5세기 중국의 수학자 조충지祖沖之는 355/133를 근삿값으로 사용하여 아르키메데스보다 더 정확한 π의 근삿값을 얻어 냈다.

---

* 정지 표지판이 사용되기 시작한 것은 20세기에 들어서이다. 그때만 해도 가장 위험한 도로인 철도 건널목과 같은 곳에는 원형, 두 번째로 위험한 곳인 교차로에는 팔각형, 세 번째로 조금 덜 위험한 곳에는 다이아몬드형으로서 단순하게 표지판 모양을 기준으로 위험도를 나타냈다고 한다. 오늘날의 도로 표지판은 원형, 삼각형, 사각형의 세 가지 표준형을 띠고 있지만 위험을 알리는 정지 표지만은 팔각형 모양을 하고 있다. 어떤 날씨 조건에서도, 방향에 상관없이 팔각형은 눈에 잘 띄는 보편적인 시각 기호가 되어, 오늘날 세계에서 가장 많은 사람이 알아보는 시각 디자인의 아이콘이 되었다.
  - 편집자 주

이 소수의 십진수는 π를 6자리까지 정확하게 나타냈는데 그가 어떻게 이토록 놀라울 만큼 정확한 근삿값을 구했는지는 자세히 알려져 있지 않지만 역사가들은 그가 2만 4,576면을 갖는 가상의 다각형을 사용하여 계산했다고 추정한다. 다른 수학자들이 그보다 더 정확한 근삿값을 찾기 위해 걸린 시간이 약 천 년이었다는 것을 생각하면 조충지의 계산이 얼마나 정확했는지 알 수 있다.

1600년대에 π를 연구하던 사람들은 다각형 접근법을 포기하고 그레고리와 라이프니츠가 발견한 무한수열의 합을 사용하였다. 수학자들은 π의 근삿값을 계산하는 데 사용할 수 있는 무한수열의 합을 발견했는데, 일부는 근삿값을 유도하는 데 더 적은 수의 항을 합하는 방식을 사용하여 그레고리-라이프니츠 공식보다 훨씬 뛰어난 근삿값을 달성하기도 하였다. 가장 우아하면서도 놀랍도록 간단한 수열 중 하나는 20대 후반의 오일러가 발견하였다.

$$\pi^2/6 = 1/1^2 + 1/2^2 + 1/3^2 + 1/4^2 + \cdots$$

이 공식은 바로 π와 정수(1, 2, 3, …) 사이의 놀라운 관계를 밝혔다는 점에서 그레고리-라이프니츠 공식보다도 더 충격적이었다. 왜냐하면 오일러가 이 공식을 발견하기 전에는 라이프니츠를 비롯한 여러 수학자들이 그 분수 수열의 합을 계산해 내지 못했기 때문이다. 이 문제는 1644년 이탈리아의 수학자인 피에트로 멩골리Pietro Mengoli가 제시한 것이다. 왼쪽에서 숫자를 더하면 그 총합이

1과 2 사이의 값이라는 것을 알 수 있고, 계속해서 많은 수를 더해 나가면 그 합이 1.64에 가까워지는 것을 볼 수 있다. 하지만 18세기 수학자들은 그러한 근삿값에 만족하지 못하고 π와 정확하게 일치하는 수열의 합을 찾으려고 하였다.

바젤 문제(Basel Problem)라고 알려진(바젤은 스위스의 도시 이름) 이 문제는 당시에 가장 중요한 수학적 질문 중 하나라고 여겨졌다. 이때 젊은 오일러는 이 문제의 답을 $\pi^2/6$이라고 풀어내어 사람들을 놀라게 하였고 국제적인 명성을 얻게 되었다. 또한 그는 π의 요상한 능력에 대한 놀라운 증거를 제시하였다.*

오일러가 등장하기 전에도 이미 π에 대해서는 충분한 근삿값을 가지고 있었기 때문에 더 정확한 근삿값을 구하는 작업은 실질적인 계산에 영향을 미치지 않았고, 오히려 자랑할 수 있는 수학적 업적에 대한 경쟁으로 변모해 있었다. 1600년대 초반의 수학자들은 이미 35자릿수까지 정확한 π의 근삿값을 구할 수 있었다. 그 정도면 지구상에서 사용하는 계산에는 충분하다. 39자리의 수만

---

* 우리는 π 가 원주율을 나타낸다는 것을 알고 있는데 초등학생들도 할 수 있는 이 숫자의 덧셈과 뺄셈이 원과 무슨 관계가 있다는 것일까? 무한한 임의성을 가지는 π를 어떻게 완벽하게 규칙적인 유형의 수의 합으로 나타낼 수 있을까? (π^2과 $\pi^2/6$ 또한 무리수이다.) 어떻게 오일러가 바젤 문제를 풀어냈는지 생각해 보았지만 나는 여전히 어떻게 이 두 가지가 '2 + 2 = 4'라는 식처럼 성립될 수 있는지 이해할 수 없었다. 물론 오일러의 답을 믿지 못한다는 것은 아니지만 여전히 그 결과를 볼 때마다 놀라움을 감출 수 없고, 아마도 내가 π에 관한 많은 이론과 정리들을 알면서도 그 근본적인 성질을 모르고 있다는 느낌을 받았다.

가지고도 우주의 지름에서 수소 원자의 지름까지 모든 단위의 계산을 정확하게 할 수 있다.

19세기에 가장 열정적인 π의 추종자 중 한 사람은 1873년 처음으로 π의 707자릿수를 계산하여 명성을 얻은 윌리엄 샹크스William Shanks이다. 기숙 학교의 이사장으로 여가를 즐길 시간이 충분했던 그는 매일 아침 π의 자릿수를 계산하고 오후에는 검산을 했다고 알려져 있고 거의 20년에 걸친 계산을 통해 707자리 수를 계산하고 다른 숫자를 계산하기 시작했다고 전해진다.

그러나 1944년 π를 계산하던 한 수학자가 샹크스의 계산식 중 528번째 자릿수가 잘못되었다는 것을 발견했다. 그것은 528번째 자릿수 이후 모든 값이 잘못되었다는 것과 함께 수년에 걸친 샹크스의 노력이 물거품이 되었다는 것을 뜻한다. 오늘날 샹크스는 바보 같은 실수를 한 사람으로 기억되고 있다.

컴퓨터를 사용하여 π를 계산한 현대인들은 정확한 수준의 계산을 할 수 있게 되었다. 가장 주목할 만한 결과는 뉴욕의 그레고리 처드노프스키Gregory Chudnovsky와 데이비드 처드노프스키David Chudnovsky 형제가 계산한 것이다. 이들은 맨해튼의 아파트에서 슈퍼컴퓨터로 π의 90억만 자릿수를 계산하였고, 이후 다른 이들은 1조 자리에 달하는 계산을 하기도 했다.*

---

* 현재까지 알려진 가장 긴 원주율은 2016년 11월 11일 발표된, 피터 트루에브Peter Trueb라는 사람이 계산한 22조 4591억 5771만 8361자리이다. -편집자 주

4장

존재와 비존재 사이의 숫자

EULER'S EQUATION

i

π와 e 같은 숫자는 다른 숫자와는 다른 용도를 가진다. 예를 들어 5와 같은 숫자는 물건의 개수를 나타내는 것으로 사용된다. 하지만 가장 작은 완전수인 6처럼 고유한 특징을 가지는 숫자도 존재한다(완전수란 그 수 자신을 제외한 양의 약수를 더한 값과 같은 수를 뜻한다. $6 = 1 + 2 + 3$, $28 = 1 + 2 + 4 + 7 + 14$.). 하지만 숫자 i는 다른 목적을 위해 고안되었지만 수학판 '미운 오리 새끼'와 같은 취급을 당했다.

이제부터는 아무리 피하려고 해도 벗어날 수 없는 괴기스러운 숫자라고 여겨졌던 i의 구박과 설움의 시절에 마침표를 찍어 준 오일러의 업적에 대하여 살펴보도록 하겠다.

수학에서 가장 아름다운 공식 덕분에 오늘날에는 i의 아름다움을 쉽게 볼 수 있다. 그렇기 때문에 i의 단순한 정의에서부터 그 소박한 우아함을 볼 수 있다.

i는 -1의 제곱근이다. 다른 수학적 정의와 마찬가지로 이 정의도 매우 흥미로운 의미를 가지고 있지만 오일러 이전의 누구도 그것을 발견하지 못했다.

x라는 숫자의 제곱근은 그 숫자를 같은 수에 곱했을 때 x가 되는 수를 뜻한다. 예를 들어 4의 제곱근은 2가 되는데 엄밀히 말해 2는 4의 '주' 제곱근이고 음수를 음수에 곱하면 양수가 되는 특성에 따라 −2 또한 4의 제곱근이 된다.

수학자들이 i를 그토록 구박한 이유는, 이 숫자가 모든 허수를 만들어 내기 때문이었다. 각 허수는 실수에 대응하는 수라고 볼 수 있다. 예를 들어 i는 $1 \times i$로 실수 1에 대응하는 허수이고, $-i$는 $-1 \times i$는 실수 −1에 대응하는 허수이다. 만약 i를 네 번 더한 나번 $i + i + i + i = 4 \times i$로 $4i$라고 쓴다. 이 수는 실수 4에 대응하는 수가 된다(물론 −1의 제곱근의 네 배라고 읽을 수 있지만 i를 사용하여 '4아이'라고 읽는 게 편리하다.).

모든 허수는 $4i$처럼 실수에 i를 곱한 형태로 그에 해당하는 실수를 가진다.

실수라는 것은 우리에게 익숙한 실선에 위치한 숫자를 나타낸다. 그러한 실수는 양의 정수, 음의 정수, 0, 분수(정수의 비율로 나타내어지는 유리수), 무리수들을 포함하며, 그중에는 매우 홍미로운 이름을 가진 무리수의 부분 집합인 초월수도 포함된다.

이번 장에서 우리가 살펴볼 오일러 공식의 지수인 π 곱하기 i, 즉 πi 또는 $i\pi$는 π에 해당하는 허수이다.

'허수'가 무엇일까? 허수를 e의 지수로 둔다는 것은 무엇을 의미하는 것일까?

이번 장에서는 수학자들이 어떻게 첫 질문을 해결하기 위해 노력했는지, 오일러가 수학사에서 어떻게 지수의 개념을 급진적으로 바꾸어 두 번째 질문을 해결했는지 살펴볼 것이다. 지금은 허수를 지수로 사용하는 것이 마술 지팡이로 사람을 개구리로 변화시키는 것처럼 극적인 효과가 있다고만 생각하고 넘어가도록 하자.

18세기 이전에는 허수가 수학적 미적 관점에서 매우 추악하다고 여겨졌다. 이 시대에 '마이너스 1의 제곱근'을 다루는 일은 고역으로 여겨졌다.

이탈리아의 수학자 지롤라모 카르다노Girolamo Cardano도 "사람들이 허수로 기본적인 계산을 하는 것은 정신적인 고문이다."라고 말하였다. 따라서 '음수의 제곱근'이라는 말은 이해할 수 없는 것으로 여겨졌다.

−1의 제곱근은 실생활에서 두 개의 큰 맥주병을 나타내는 2와 각 변의 길이가 2인 정사각형의 넓이를 나타내는 4처럼 유사한 것에 대응되지 않는다. 우리가 음수에 해당하는 실물을 상상하기 어려운 것처럼 르네상스 시대의 수학자들도 음수와 연관된 물리적 물체나 기하학적 도형들은 생각해 내지 못했다. 하지만 음수는 허수보다는 개념적으로 어려움이 덜한 문제였으므로 곧 수학자들에

의해 증명되었다. 예를 들어 음수는 가지고 있는 빚으로 이해할 수 있다.

하지만 i와 허수가 사람들을 당황하게 했던 또 다른 점은 익숙한 계산 규칙을 따르지 않는다는 것이다. 예를 들어 양수에 같은 양수를 곱하면 (제곱하면) 그 값은 항상 양의 숫자가 된다. 즉, '$3 \times 3 = 3^2 = 9$'이다. 이와 마찬가지로 음수인 −3에 음수 −3을 곱하면 양수 9가 된다.

하지만 −1의 제곱근을 제곱하면 이것이 −1의 제곱근으로 정의되었기 때문에 계산하면 음수 −1이 된다. 더 간결하게 적자면 '$i^2 = -1$'이다.

모든 허수에서 이러한 종류의 기이한 계산법이 발견된다.

예를 들어 $(4i)^2$은 $(4 \times i) \times (4 \times i)$를 뜻하는데 여기에서 ×는 곱셈을 뜻하고, 곱셈의 교환 법칙과 결합 법칙을 통해 $4 \times 4 \times i \times i$ 라고 쓰거나 $16 \times i^2$ 또는 16×-1 즉 −16이라는 것을 알 수 있다(교환 법칙은 $a \times b = b \times a$로서, 두 숫자를 곱하는 순서에 상관없이 같은 값을 얻는다.).

이들 법칙에 따르면 πi와 $i\pi$는 같아야 한다. 결합 법칙은 $(a \times b) \times c = a \times (b \times c)$인데, 이는 여러 숫자들을 곱할 때 괄호를 사용하여 어떤 두 숫자를 먼저 곱하게 되더라도 그 값이 같다는 것을 뜻한다.

양의 허수 $4i$에 양의 허수 $4i$를 곱하게 되면 음수 −16이 되는 것은 사실이지만 내 친구의 친구는 적이라고 말하는 것처럼 이상하게 들린다.* 그렇기 때문에 수학자들은 i와 다른 허수들을 숫자 체계에 도입하여 사용하면 좋지 않은 결과가 나타날 것이라고 생각하였다. 친구의 친구는 친구라고 여기는 실수와는 다르게 i의 자손들은 질투와 정신 이상에 걸린 사람처럼 친구의 친구를 공격적인 적으로 받아들인다. 그러한 허수의 특성은 숫자 체계를 무너뜨리는 결과를 가져올 수 있다.

물론 수학자들은 숫자들이 서로 친구인지 적인지에 대해 걱정하지 않는다(사실 나는 내가 사용한 예제가 지나치게 은유적이라는 것을 인정한다.). 하지만 수학자들이 다루는 용어를 사용하여 근본적인 현상을 공식화하는 것은 어렵지 않다. i가 정말로 숫자라고 가정한 뒤 모든 수를 포함하는 것처럼 보이는 실선 어디에 놓여야 하는지 생각해 보자(심지어 외딴 초월수들 또한 실선에 머물고 있다.). 0보다 작은 모든 음의 수는 같은 수를 곱했을 때 양의 수가 되기 때문에 i를 음수 사이의 자리에 둘 수 없는 것은 분명하다.

당연히 0 곱하기 0은 −1이 아니라 0이기 때문에 0이 위장한 것도 아닐 것이다. 그리고 0의 오른쪽에 위치한 양수는 같은 수를 곱했을 때 양수가 되기 때문에 i는 양수가 될 수 없다. 그러므로

---

* 초등학생들이 음수에 다른 수를 곱하면 어떻게 되는지 이해하기 위해 사용하는 방법을 설명해 보려고 한다. 예를 들어 -2×3을 곱하면 그 값이 양수인지 음수인지 알 수 있도록 도와 주는 방법이다. 음수를 적이라고 생각하고 양수는 친구라고 생각해 보자. 그렇다면 −2와 같은 음수에 3과 같은 양수를 곱하는 것을 '내 친구의 적'이라고 상상할 수 있고, 내 친구의 적이니 적인 것이 분명하다. 즉, 결과는 음수이다. -2×3은 −6이다.

i와 허수가 숫자라고 가정하면 어떤 물건을 세거나 측정할 때 전혀 사용될 수 없는 독특한 숫자들의 집합이 존재한다는 것을 믿어야만 한다. 그렇다면 허수는 왜 필요한 것일까?

18세기 초의 수학자들은 허수가 특정한 대수학 문제들의 해답에 필요하다는 것을 알았다.* 그렇지만 오랫동안 이 문제들은 해답이 존재하지 않는 것으로 묵살되어 왔고, 허수는 오랜 기간 동안 수학에 도입되지 않았다. 허수는 옛 수학자들이 사람들에게 허수를 사용하여 물건을 세거나 측정하라고 추천할 수 있는 수로는 적당해 보이지 않았다.

하지만 수학의 역사상 가장 기괴한 이 숫자 외계인은 계속해서 여러 문제마다 튀어나왔고 자신들을 받아 달라며 수학자들을 괴롭혀 왔다. 가장 유명한 것은 3차 방정식의 해에서 등장하는데 이것은 해가 없다고 무시해 버리지 못하는 중요한 문제였다.

3차 방정식이란 x의 세제곱을 가장 큰 지수로 가지는 방정식이다. 예를 들어 $x^3 - 15x - 4 = 0$은 3차 방정식이다. 그러한 방정식에서 x의 해를 구하는 것은 매우 어려운 일이었고 실제로 16세기 이전에는 해를 구하는 것이 불가능했기 때문에 르네상스 시대의 수학자들은 3차 방정식의 해를 구하는 것이 당대 최고의 난제 중

* 그러한 문제 중 하나는 다음 방정식의 해와 같다: $x^2+1=0$. x에 1을 대입해 보고 싶을지 모르지만 $1^2 + 1 = (1 \times 1) + 1 = 2$가 되어 2는 0과 같지 않다. x에 −1을 대입하는 것 또한 방정식의 해가 되지 않는다. $(-1)^2 + 1 = (-1 \times -1) + 1 = 1 + 1 = 2$이기 때문이다. 하지만 i를 적용하면 마법처럼 방정식이 풀린다. $i^2 + 1 = -1 + 1 = 0$.

하나라고 여겼다.

1500년대에 카르다노를 비롯한 이탈리아의 수학자들은 방정식의 상수를 기반으로 삼차원 방정식의 해를 찾는 독창적인 알고리즘을 만들었다(음식의 조리법처럼 단계적인 절차였다.). 하지만 이 알고리즘은 종종 허수가 포함된 해를 만들어 냈기 때문에 수학자들은 이 알고리즘에 약간의 의구심을 가지고 있었다(보통 3차 방정식은 세 가지 서로 다른 해를 가진다. 즉, 세 개의 다른 x값에 대해 성립하게 되고 그중 두 해는 허수를 포함하는 것이 일반적이다.). 수학자들은 처음에 이 허수를 포함한 해들은 의미가 없는 돼지 여물처럼 여겼다.

그러나 또 다른 이탈리아의 수학자, 라파엘 봄벨리Rafael Bombelli가 1570년경 새로운 사실을 발견했다. 그는 허수를 포함하는 3차 방정식의 해를 버리는 대신 표준 대수 기술을 사용하여 그 해를 조사했고, 그 결과 이것은 허수로 위장한 실수였다는 것을 발견했다.

앞에서 예시로 제시했던 방정식 $x^3 - 15x - 4 = 0$에서 허수로 위장한 실수 해는 바로 4이다(x에 4를 대입하면 방정식이 성립되는 것을

봄벨리(왼쪽), 봄벨리가 쓴 〈대수학〉(오른쪽) ©alchetron.com

알 수 있다.). 봄벨리는 −121의 제곱근, 즉 $11i$를 포함하는 해가 4와 같다는 것을 발견하였다. 이는 이제까지 의미가 없는 것으로 여겨졌던 허수에 기반한 해를 정식 숫자로 여겨야만 숨겨진 실수 해를 찾을 수 있다는 것을 의미한다. 즉, 허수 해는 더 이상 의미 없는 돼지 여물처럼 여길 수 없음을 증명한 것이다. 그렇지만 여전히 수학자들은 허수 다루는 것을 불편해했고, 실제로 그들은 마치 완벽한 시간을 나타내는 시계를 구성하는 방법을 깨달은 시계 제작자처럼 기존의 3차 방정식 해법을 사용하였다.

허수는 벽에 걸린 괘종시계에서 귀신의 비명 소리가 들려오는 것 같은 느낌을 주었다. 똑똑한 시계 제작자가 그 비명 소리의 횟수는 시간을 나타내기 때문에 이것을 사용하여 시간을 알아낼 수 있다는 것을 발견하기 전까지 사람들은 그저 귀를 막은 채 비명 소리가 사라지기만을 기다렸다. 하지만 몇몇 사람은 허수를 발견한 후에도 여전히 허수에서 나는 소리가 으스스하다고 싫어했다.

마침내 수학자들은 허수가 이상하다고 여기면서도 허수를 점점 편안하게 받아들이게 되었다. 1702년 라이프니츠는 즐거운 마음으로 "허수는 신성한 지성의 정교하고 훌륭한 재료이며, 존재와 비존재 사이에 존재하는 양서류라고 할 수 있다."라고 평했다. 몇십 년 뒤 오일러는 "어느 누구도 우리가 허수를 계산에 포함하는 것을 막을 수 없다."라고 평가하면서 허수를 숫자로 도입하였다.

오일러는 허수를 포함하는 계산식을 연구하는 데 끝없는 열정을 가지고 있었다. 오일러 공식도 그러한 노력의 결과 중 하나이며,

−1의 제곱근에 편리한 숫자 i를 도입한 사람이기도 했다. 게다가 이 숫자는 오일러 이후 계속해서 사용되어 왔다.

하지만 숫자를 세거나 물리적인 양 또는 기하학적 개체를 쉽게 상상할 수 있는 실수와는 달리 허수는 그러한 개념화가 어려웠기 때문에 오일러조차도 허수의 기본 성질을 규정하는 데 어려움을 겪었다. 결국 오일러는 백기를 들고 허수는 '불가능한' 숫자이며 '상상 속에서만' 존재한다고 적었다. 19세기 수학자들이 실제로 허수가 완벽히 일상적이며 숫자 규칙을 따르는 숫자라는 것을 알아차리기 전까지 허수는 불가능한 숫자로 다른 차원에 존재하는 것으로 여겨졌다. 이 부분은 뒤에서 다시 살펴보도록 하겠다.

5장

대가의 초상화

E U L E R ' S   E Q U A T I O N

두 눈을 감고 우주를 보다

유령처럼 존재와 비존재 사이에 위치한 양서류라고 여겨졌던 허수를 숫자로 도입했다는 점에서 오일러는 수학사에 위대한 영향을 끼쳤다. 그는 허구라고 여겨지던 것을 멋진 작은 장난감으로 만들어 버린 것이다.

그를 이토록 영향력 있는 인물로 만든 것은 무엇일까? (물론 그는 천재였지만 역사 속의 수많은 수학 천재들은 그만큼 영향력을 가지지 못했고, 오늘날까지도 그만한 영향력을 가진 수학자는 없다.) 그토록 빛났던 수학자의 삶에 대하여 잠깐 살펴보고 넘어가도록 하자.

오일러에 대한 설명 중 내가 가장 좋아하는 것은 중년의 나이에 그를 만났던 프랑스의 언어학자 되도네 티에보Dieudonné Thiébault가 남긴 글이다.

"무릎에는 아이가 앉아 있고 등에는 고양이가 매달려 있으며, 그것이 그가 자신의 불후의 작품을 쓴 모습이다."

오일러는 자녀들을 데리고 인형극을 보러 가는 것을 좋아했는데, 인형이 익살스러운 행동을 할 때 아이들과 함께 크게 웃었으며 자녀들이나 손자들과 농담을 주고받고 그들에게 수학과 과학을 가르쳤다고 한다. 또한 자녀들과 동물원에 가면 곰 우리에서 새끼 곰들이 노는 모습을 지켜보는 것을 즐겼다. 그는 방문객들이 찾아오면 그들과 함께 햇볕 아래에서 무엇이든 이야기하는 것을 즐겼고, 방문객들과의 대화는 기술적인 논의에서 일상생활에 대한 주제로 쉽게 바뀌었다고 한다.

1707년 스위스 목사 부부 사이에서 태어난 오일러는 10대 때 수학에 관심을 가지기 전까지는 바젤 대학에서 아버지를 따라 신학을 공부하려고 했던 것으로 보인다. 바젤 대학은 그냥 평범한 대학이었지만 당대의 가장 위대한 수학자 중 한 명인 요한 베르누이 Johann Bernoulli가 교수로 재직 중이었다.

오일러의 재능을 발견한 베르누이는 매수 토요일 오후에 오일

오일러의 스승이었던 요한 베르누이

러를 위한 특별한 수업을 진행하였다. 베르누이는 오일러에게 점점 더 어려운 문제들을 제시하였고, 토요일의 수업은 자신의 제자가 어려워하는 부분들을 다루는 데 할애하였다. 수학자인 던햄은 토요일 오후의 수업을 다음과 같이 묘사하였다.

"시간이 지날수록 오일러와 베르누이의 사제 관계가 점점 뒤바뀌는 것 같았다."

젊은 오일러를 몇 년 간 가르치고 난 후 베르누이가 다른 이들에게 보내는 편지에서 '수학사에서 가장 유명하고 가장 박식한 이'라고 자신의 제자를 묘사한 것은 매우 유명하다. 베르누이는 자신을 낮추는 겸손한 사람도 아니었고 농담을 즐겨 하지도 않았기 때문에 그가 한 말이 얼마나 큰 의미를 갖는지 알 수 있다.

오일러는 파리 과학 아카데미에서 매년 개최하는 국제 대회에 19세 때 처음 참가하여 학계의 인정을 받았다. 그 해의 도전 과제는 바람의 추진력을 최대화하는 선박 돛대의 위치를 찾는 것이었는데, 오일러는 2등으로 입상하였다. 당시 10대였던 오일러가 유럽 전역의 쟁쟁한 수학자들과 과학자들도 참가한 대회에서 입상한 것은 그의 재능을 충분히 알리는 계기가 되는 사건이었다(게다가 이 스위스의 젊은 학자는 큰 배를 본 적도 없었다.). 폭넓고 깊은 지식을 가졌던 오일러는 정수론, 미적분, 기하학, 통계학을 포함한 모든 수학 분야를 발전시켰다. 20세기 프랑스의 수학자 앙드레 베유André Weil는 다음과 같이 오일러를 묘사하였다.

"오일러는 마치 당시의 수학 전체를 머릿속에 넣고 다니는 것

같았다."

한편 오일러는 새로운 수학 분야를 개척하기도 했다.

그의 지식 범위는 부분적으로 놀라운 기억력을 반영한다. 그는 노년기에 이르러서도 9,500줄이 넘는 베르길리우스Vergilius의 『아이네이스 *Aeneis*』를 쉽게 암기하였고, 라틴어, 러시아어, 독일어, 프랑스어, 영어의 5개 국어를 할 수 있었다. 또한 그는 1에서 100까지 숫자의 첫 6제곱을 술술 말할 수 있었다고 한다(결국 그는 600개의 숫자를 외우고 있었다는 것인데 그중 몇 가지를 예로 들면 다음과 같다. $99^1 = 99$, $99^2 = 9{,}801$, $99^3 = 970{,}299$, $99^4 = 96{,}059{,}601$, $99^5 = 9{,}509{,}900{,}499$, $99^6 = 941{,}480{,}149{,}401$).

역사학자인 에릭 템플 벨Eric Temple Bell에 의하면 오일러는 아내가 저녁을 먹으러 내려오라고 부른 후 30분을 기다리다가 다시 부르는 사이에 획기적인 수학 논문을 작성할 수 있었다고 한다. 벨은 "온통 명백하게 연관되어 있지 않은 공식들이 수학의 한 분야에서 다른 분야로 넘어가는 오솔길을 숨기고 있는 것을 초자연적인 통찰력을 통해 발견한다."라고 오일러에 대하여 평했다.

오일러는 이후의 수학자들보다 다작(多作)이 쉬웠다. 오일러 이후 세대의 수학자들은 더 엄격한 수학적 기준을 따라야 했고 18세기 이후 쉽게 발견할 수 있는 수학적 연구 과제들이 적었던 것도 하나의 이유가 될 수 있다. 그러나 나는 여전히 오일러의 유명한 공식들이 전개되는 방식을 살펴보면서 그 또한 허수처럼 다른 차원에서 온 것이 아닐까 하는 생각이 드는데, 역사학자 벨은 그가 숨겨진 오솔길을 감지하는 묘한 재주가 있었다고 말한다(어쩌면 20세기의 수학자인 마크 캐츠Mark Kac의 말이 옳았을지도 모른다. "평범한 천재는 지금 우리보다 몇 배 더 나은 정도에 불과하다. 그의 정신이 어떻게 작용했는지에 대해서는 의구심을 가질 부분이 없다. 그가 발견한 것을 이해하고 난 후에는 우리 또한 그것을 발견할 수 있었을 것이라 생각한다. 이것은 마술사들과는 다르다. …… 천재들의 정신은 이해할 수 없는 모든 의도와 목적들을 통해 작용한다.").

이 책은 오일러의 전반적인 업적에 대해서 표면적인 부분만 보여 줄 수도 있다. 하지만 내가 그의 방대한 결과물 중 아주 작은 부분을 정독하면서 발견한 스포츠와의 유사성을 예로 소개하고자 한다.

오일러 시대의 수학 게임은 20세기 초에 유행했던 육상 경기와 닮은 점이 있다. 20세기는 자유분방한 스포츠의 시대로서 오스카상을 받았던 영화 「불의 전차(Chariots of Fire)」에서 잘 묘사된다.

당시 챔피언이었던 주자는 레이스 출발선에 서서 트랙 옆에 장전된 총을 두고 시가를 피다가 경주를 마치고 돌아와 장전된 총을

영화 「불의 전차(Chariots of Fire)」 포스터와 영화 중 한 장면

들고 한가로이 경기장을 빠져나갔을지도 모른다. 당시에는 신기록을 세우는 것이 쉬웠고, 18세기의 수학적 업적을 달성하는 것 또한 지금보다 상대적으로 쉬웠던 것은 사실이다.

하지만 오일러를 초기의 달리기 주자로 설명하자면, 오일러는 우승 후보 중 한 사람으로서 때때로 달리기 경주에서 우승하는 선수가 아니라 한 손으로는 아이를 안고 등 뒤에는 고양이를 메고 달리기 경주에서 우승한 후 원반던지기에서 우승하고 해머던지기, 포환던지기, 창던지기, 멀리뛰기, 높이뛰기, 세단뛰기와 장애물 경주, 100미터 · 200미터 · 400미터 · 800미터 · 1,500미터 · 15,000미터 경주를 모두 우승하는 선수에 비유할 수 있다. 그렇게 하는 도중 아이와 고양이는 편하게 낮잠을 자고 있을 것이고, 오일러가 항상 놀라운 열정을 가지고 일했던 것에 비추어 볼 때, 그는 거실용 슬리퍼를 신은 채 안대를 끼고 뒤로 뛰어 5,000미터 경주에서 우승한 뒤 아이와 고양이를 깨우지 않은 채 장대높이뛰기에서도 우승하여 자신의 기록을 경신했을 것이다.

오일러는 역사상 최고의 수학자라고 여겨지는 유클리드Euclid가 쓴 〈원론(Element)〉 다음으로 수학 역사에서 두 번째로 유명한 〈고전 대수학 안내서〉를 저술했다. (유클리드의 〈원론〉은 성경 다음으로 가장 많이 인쇄된 책으로 여겨진다). 또한 오일러는 미적분학 및 운동 법칙을 비롯하여 다양한 과학과 철학, 음악 이론과 다른 주제의 기본 지침서들을 집필했는데, 이 책들은 18세기판 베스트셀러가 되었다. 『오일러가 독일의 공주에게 보낸, 자연 철학 주제들을 담은 편지들』은 오일러가 프로이센의 프리드리히 II세의 조카딸인 안할트 데사우Anhalt Dessau 공주에게 보낸 편지들을 엮은 책으로, 오일러는 이 책을 통해서 여성 교육에 앞장서는 선도자가 되었다(베를린에서 7년 전쟁 당시 프로이센 왕실에서 베를린을 떠나 피란 중에 오일러는 공주의 원거리 가정 교사 역할을 했기 때문에 편지로 그녀를 가르쳤다.). 이 편지들의 내용 중에는 열대 지역의 산꼭대기가 기온이 낮은 이유와 달이 수평선에 가까울 때 더 크게 보이는 이유, 하늘이 파란 이유들에 대한 설명이 들어 있다. 당시 프랑스어는 다른 유럽 언어로 번역되기 쉽고 기초 과학을 가르치는 데 광범위하게 쓰였기 때문에 오일러는 프랑스어로 편지를 썼다. 이 책은 칸트, 괴테, 쇼펜하우어를 포함한 많은 이들에게 극찬을 받았다.

오일러는 20대에 오른쪽 눈이 감염되어 시력을 잃었고, 이후 왼쪽 눈 또한 백내장 수술에 실패하면서 사람의 얼굴이나 근처의 물건조차 볼 수 없게 되었다. 하지만 시력을 잃은 상황에서도 그의 연구는 조금도 늦춰지지 않았다. 실제로 오일러는 시력을 잃은 것에 대하여 "마음을 산만하게 하는 것이 하나 줄었다."라고 쾌활하게 반응했다고 한다. 그는 시력을 잃은 후 생의 마지막 17년 동안 조수들의 도움으로 자신의 전체 업적 중 절반 이상을 작업했다. 그 누구보다 수완이 비범했던 그는 연구실의 큰 원형 탁자 모서리를 손으로 짚고 그 탁자를 따라 이동하는 방식으로 운동을 했다고 전해진다.

오일러는 시력을 잃은 것 외에도 여러 가지 좌절과 비극을 극

오일러는 연구에 너무 몰두한 나머지 오른쪽 눈을 실명했는데,
오일러의 초상화가 왼쪽 옆모습으로 그려진 것도 이런 속사정이 숨어 있었기 때문이다.

복하였다. 그의 아내 카타리나Katharina와의 사이에서 낳은 열세 명의 자녀들 중 살아서 성인이 된 자녀는 오직 다섯 명뿐이었다. 심지어 오일러는 그중 두 자녀의 죽음을 지켜봐야 했다. 그가 64세일 때 집이 불타서 그의 서재와 몇몇 출판하지 않은 논문들이 전소되었고, 당시 거의 시력을 잃은 상태였던 오일러는 스위스인 잡부 피터 그림Peter Grimm이 사다리를 타고 올라가 그를 어깨에 메고 구출하기 전까지 2층에 갇혀 있었다. 40년간 결혼 생활을 했던 그의 아내 카타리나는 그가 66세가 되던 해에 사망했다. 3년 후 그는 자식들에게 의존하지 않기 위해서 과부가 된, 카타리나의 이복자매와 결혼하였다.

그는 러시아의 상트페테르부르크 과학 아카데미에서 경력을 시작했지만 근본적으로 러시아 전체에 만연했던 반외국인 정서 때문에 러시아를 떠나게 되었다. 역사학자 트루스델이 냉소적으로 말한 것처럼, 사실상 아카데미의 학장이었던 요한 슈마허Johann Schumacher가 '재능이 튀어나오려고 하는 곳이면 찾아가 그 재능을 누르지 않았다면' 러시아에 큰 도움이 되었을 것이다.

프러시아의 프리드리히 II세는 이 상황을 이용해서 오일러를 고용하여 베를린 과학 아카데미를 보강했다. 프리드리히 II세는 조용하고 신앙적이며 가정적인 오일러를 높게 평가하지 않았지만 아카데미에 도움이 될 것이라 여겼다. 자신이 폭넓은 지식을 가졌다고 허세를 부렸지만 프리드리히 II세는 실제로는 치유할 수 없을 만큼 심한 수학 공포증을 가지고 있었다. 편지에 "수학이 내 마음을 메마르게 했다."라고 적을 정도로 수학을 싫어한 인물이었다. 당시 오일러는 공연장 홀의 광학과 음향 효과 등을 수학적으로 모델링하기 위해 공연장에서 매우 산만하게 메모를 했던 것으로 유명했기 때문에 프리드리히 II세는 공연장에서 오일러를 볼 때마다 그를 거북하게 여겼다.

시간이 지나면서 오일러는 학원에서 선호하는 볼테르 등의 웃음거리가 되었다. 당시 프리드리히 II세는 오일러가 받는 초봉의 20배에 달하는 금액을 볼테르에게 제시하여 그를 프랑스에서 영입하였다. 오일러의 오른쪽 눈이 보이지 않았기 때문에 프리드리히 II세는 볼테르에게 보내는 편지에서 오일러를 '우리의 위대한 외눈박이

거인'이라고 표현하였다. 같은 편지에서 왕은 오일러를 볼테르의 배우자와 교환하고 에밀리 뒤 샤틀레Émilie du Châtelet와 볼테르를 교환할 의향이 있다고 농담을 했다.

프리드리히 II세는 자신의 형제에게 보내는 편지에서 오일러와 같은 사람들에 대하여 "쓸 만하지만 다른 것보다 영리하지는 않아. 그들은 고대 그리스 도리아 지방에서 건축에 사용한 석조 기둥일 뿐이야. 마루 속 바닥에 있는 지지대처럼 말이야……." 라고 쓴 것으로 전해진다.

실제로 오일러는 25년여 동안 베를린 아카데미에서 중요한 역할을 했다. 그는 전망대 및 식물원을 감독하고 재정을 관리했으며 달력 및 지도(아카데미의 주요 수입원)를 출판하고 주징부 복권, 보험, 연금, 포병에 대하여 조언하였으며 심지어는 프리드리히 II세의 여름 별장의 배관 작업을 감독하는 일까지 맡았다. 결국 오일러는 사람들에게 괄시 받는 일상에 질린 나머지 프리드리히 II세에게 베를린 아카데미를 그만두겠다고 청했다. 프리드리히 II세는 처음에 거부했지만 오일러는 꿋꿋하게 자신의 주장을 관철시켜 마침내 허락을 받아 냈다. 프리드리히 II세는 자신이 역사상 가장 위대한 인물 중 한 명을 떠나보낸 것이라고는 꿈에도 생각하지 못했을 것이다. 그는 오일러의 후임자를 뽑으면서 편지에 다음과 같이 썼다.

"외눈박이 괴물이 다른 두 눈을 가진 괴물로 교체되었다."(이 두 눈을 가진 괴물은 프랑스-이탈리아의 수학자인 조제프 루이 라그랑주Joseph Louis Lagrange였다.)

오일러는 59세 때인 1766년에 상트페테르부르크 아카데미로 돌아왔다. 그전까지 만연해 있었던 반외국인 정서는 예카테리나 II세의 통치 기간 동안 퇴색되었기 때문에 오일러는 그곳에서 생산적인 여생을 보냈다.

수학의 역사에서 오일러와 동등한 지위를 갖는 이는 세 명 —아르키메데스Archimedes와 아이작 뉴턴Isac Newton, 카를 프리드리히 가우스Carl Friedrich Gauss— 밖에 없다. 나는 그들의 개인적인 특성을 오일러와 비교하면서 흥미로운 사실을 발견하였다. 물론 그들의 수학적 업적은 객관적으로 비교하기 힘들지만, 이들은 차이점이 있었다. 내 생각에 오일러의 차분한 기질과 공정하고 관대한 성격은 수학자이자 과학자로서 위대한 업적을 이루는 데 필수적이었다. 그는 스승이었던 요한 베르누이와는 달리 남들보다 한발 앞서기 위해 노력하지 않았다(요한 베르누이는 기술적인 문제로 자신의 형인 야코프 베르누이와 자주 다투었고, 심지어는 아들인 다니엘 베르누이와도 심하게 다투어 서로를 비난한 것으로 잘 알려져 있다.). 또한 오일러는 자신의 권위에 대한 도전에 화를 냈던 뉴턴이나, 논란이 두려워 중요한 연구 결과

아르키메데스 뉴턴 가우스

를 발표하지 않았던 가우스와도 달랐다.

아르키메데스에 관한 이야기들이 사실이라면 그는 매우 다채로운 성격이었던 것으로 여겨진다. 아르키메데스는 왕이 의뢰한 순금 왕관이 진짜인지의 여부를 판단하기 위하여 목욕탕에 들어갔다가 목욕탕 물이 넘치는 것을 보고 맨몸으로 뛰쳐나와 '유레카'를 외치며 거리를 뛰어다녔다고 전해진다. 『플루타르크*Plutarch* 영웅전』에 따르면 로마 군인들이 아르키메데스가 살았던 시라쿠사(Siracusa)를 정복했을 때 아르키메데스는 로마 장군의 소환을 알리는 군인들에게 아직 해결하지 못한 계산이 남아 있기 때문에 가지 못한다고 말했고, 화가 난 군인은 칼을 빼어 고대사에서 가장 빛났던 인물을 그 자리에서 죽였다.

뉴턴은 수줍음이 많고 쉽게 발끈하는 외로운 사람이었고 다른 사람에게 원한을 품기도 했다. 누군가에게 도전을 받거나 자신의 주장이 잘못되었다는 것을 지적당하면 거의 정신병적인 분노를 일으키곤 했다. 19세 때 자신이 지은 죄의 목록을 작성했는데 그 중 하나는 '(양)아버지와 어머니 스미스에게 그들을 집과 함께 통째로 불태워 버리겠다고 협박한 것'이었다. 뉴턴의 조수이자 그의 후임으로 케임브리지 대학의 루커스 석좌 교수가 된 윌리엄 휘스턴 William Whiston은 "뉴턴은 내가 아는 사람 중 가장 무섭고 신중하며 의심이 많은 성격을 가진 이였다."라고 말했다.

뉴턴은 영국 왕립 학회의 회장으로서 폭압적인 태도를 보였고 그의 의견이나 지시를 거부하는 것은 허용되지 않았다(이것은 과학자로서 흔치 않은 태도이다.).

뉴턴은 빛의 본질에 대한 자신의 생각에 도전한 로버트 훅Robert Hooke을 특히 증오했다. 몇 년 후 두 사람이 서로 주고받은 편지들은 중력과 행성 운동에 관한 뉴턴의 획기적인 아이디어에 영감을 불어넣게 된다. 이후 훅이 그 유명한 개념들을 정리하는 데 자신도 한 역할을 맡고 싶다고 제안하자 뉴턴은 화를 내면서 이후 자신의 대표작인 『자연 철학의 수학적 원리*Philosophiae Naturalis Principia Mathematica*』에서 훅에 대한 모든 언급을 삭제해 버렸다. 역사학자인 로버트 A. 해치Robert A. Hatch는 훗날 "훅에 대한 뉴턴의 증오는 매우 소모적이었다."라고 하였다.

또한 뉴턴과 라이프니츠의 소모적인 분쟁은 더욱 유명하다. 두 사람은 미적분을 개발한 공로가 누구에게 있는 것인가를 두고 논쟁했다. 미적분의 기초적인 아이디어를 처음으로 구상한 것은 뉴턴이지만 라이프니츠는 독립적으로 그것을 고안한 후 먼저 발표하였다. 뉴턴은 논란에 휩싸이고 싶어 하지 않는 척하면서 몰래 자신의 동료들이 라이프니츠를 공격하도록 했고, 우선권 분쟁을 해결하기 위하여 소집된 왕립 학회 위원회를 은밀하게 쥐락펴락하였다. 위원회에서는 라이프니츠의 의견은 듣지 않은 채 뉴턴이 작성한 보고서를 통과시켰다. 거기에서 한발 더 나아가 뉴턴은 왕립 학회의 철학 회보에 이에 관한 글을 익명으로 올려 많은 사람들이 그것을 볼 수 있도록 하였다.

그러한 논쟁의 결과 영국의 수학자들은 거의 한 세기 동안 라이프니츠와 그의 동료들이 지지했던 유럽 대륙의 수학적 진보를 무시하였고, 그 결과 수학에서 혁신적인 면을 잃어버리게 되었다.

가우스 또한 편하게 다가서기 어려운 성격을 지닌 인물이다. 그는 남에게 가르치는 것을 싫어했고, 친구도 거의 없었으며, 자신의 아들 중 한 명인 유진Eugene의 삶에 지나치게 간섭하여 그와 멀어졌다. 언어에 재능이 있었던 유진은 청소년기에 언어학을 공부하고자 했지만 아버지의 반대에 가로막혔다. 어느 날 유진이 친구들을 초대하여 저녁 파티를 열었는데 두 부자는 다시 한 번 다투게 되었고, 19세의 유진은 돌연히 미국으로 떠나 다시는 돌아오지 않았다. 유진은 미국에서 아메리카 원주민의 한 종족인 수족(Sioux)의 언어를 배웠고 중서부의 모피 회사에서 근무했던 것으로 알려져 있다.

가우스는 자신의 연구 결과 중 상당수는 완벽하지 않다고 여겨 발표하는 것을 보류하였다. 그렇지만 다른 수학자들이 독자적으로 동일한 결과를 얻고 발표할 때 가우스는 자신이 그것을 먼저 발견했다는 것을 강조하였다. 이러한 면을 잘 알려 주는 대표적인 예가 헝가리의 수학자인 볼프강 보여이Wolfgang Farkas Bolyai와 그의 아들인 야노시János Bolyai에 얽힌 일화이다.

1816년 볼프강은 친구였던 가우스에게 14세였던 아들 야노시를 맡아 가르쳐 달라고 부탁하였다. 볼프강은 재능이 넘치는 아들을 유명한 대학에 보낼 학비를 마련할 수 없었기에 가우스에게 도움을 부탁한 것이었지만 가우스는 볼프강의 요청을 거절했다.

그럼에도 야노시는 20대 초반에 '비유클리드' 기하학을 개척하는 데 기여하였다. 비유클리드 기하학의 발견은 한 세기 후 상대성 이론을 개발한 아인슈타인에게 큰 영향을 끼쳤다. 야노시는 새로운 분야를 연구하면서 흥분에 넘쳐 아버지에게 "저는 그러한 놀라운 발견을 했다는 것에 제 스스로 놀라곤 합니다."라는 내용의 편지를 보냈고 그러한 내용들은 볼프강이 1830년대 초반에 출판한 수학책의 부록에 실렸다. 아들의 연구 결과를 자랑스러워했던 볼프강은 가우스에게 책을 보냈다.

가우스는 야노시의 작품을 칭찬하는 답장을 보내며 "내 자신을 칭찬한다."라고 썼다. 이 말은 야노시가 완성한 모든 것은 자신이 이미 연구하여 발견했다는 것을 의미한다. 그 사건은 야노시에게 큰 충격을 주었고, 이후 그는 건강이 악화되었다. 이후에 야노시는 간간이 수학을 연구했지만 어린 시절에 보였던 재능은 드러나지 못했고 결국에는 수학 학계에서 인정받는 것을 포기하게 된다. 그는 사람들의 기억에서 조용히 잊혀져 갔고, 그의 업적은 1855년 가우스가 사망할 때까지 무시되었다. 가우스가 죽은 이후 야노시의 노트와 편지들에서 비유클리드 기하학이 발견되어 출판되자 수학자들은 그 주제가 연구할 가치가 있다고 여겼다. 뒤늦게 야노시의 연구 결과가 인정받게 된 것이다.

그러나 가우스가 항상 재능 넘치는 젊은이들을 무시하기만 한 것은 아니었다. 1800년대 초반 가우스는 최초의 여성 수학자 중 하나인 프랑스의 마리 소피 제르맹Marie Sophie Germain에게 격려 편지를 보냈다. 10대의 그녀는 수학에 대한 열정을 가지고 있었지만 그녀의 부모는 여자가 수학을 공부해서 무엇하느냐고 하면서 반대했다.

그녀의 부모는 그녀가 밤에 몰래 수학 문제를 푸는 모습을 보자 추운 밤에 그녀의 방 난방 시설을 끊어 버리면서 수학을 하지 못하도록 했다. 그러나 항상 다음날 아침 책상 위에는 얼어붙은 잉크와 계산으로 가득한 석판과 함께 잠에 빠져 있는 그녀를 목격하곤 했다. 그녀는 수학자가 되기 위해 열정적으로 공부했지만 대학에 진학하지는 못했다. 그러면서도 스스로 정수론과 다른 분야를 연구하고 개척해 나갔다.*

가우스는 한 번도 그녀를 만난 적이 없지만 그녀에게 보내는 편지에서 "여자는 성별과 우리의 전통과 편견들 때문에 남자보다 [정수론의] 얽히고설킨 문제들을 배우면서 더 많은 걸림돌을 만나게 된다. 그러나 이러한 족쇄들을 이겨 낸 그녀는 가장 고귀한 용기와 놀라운 재능과 우월한 천재성을 가진 사람일 것이다."라고 남겼다.

하지만 가우스는 그러한 고귀한 용기의 길을 따르지 않았던 것

---

* 여성에게 매우 엄격한 진입 장벽이 있었던 것을 감안할 때 수학 분야에서 훌륭한 업적을 이룬 여성이 드물지는 않았다. 그 예로 알렉산드리아의 히파티아Hypatia, 마리아 가에타나 아녜시Maria Gaetana Agnesi, 소피아 코발레프스카야Sophia Kovalevskaya, 얼리샤 불 스톳Alicia Boole Stott, 줄리아 로빈슨Julia Robinson, 에미 뇌터Emmy Noether, 메리 루시 카트라이트Mary Lucy Cartwright가 있다.

으로 보인다. 1829년 친구에게 보낸 편지에서 가우스는 자신이 비유클리드 기하학에 대한 연구 결과를 발표하는 것을 오랫동안 보류해 왔다는 것을 고백하였다. 그는 급진적인 새로운 아이디어에 대한 비난을 두려워했고 탁월한 연구 결과를 공개할 때마다 남들이 자신의 사고 흐름을 따라가기 어려운 형태로 작성해서 발표하였다. 영국의 수학자인 이언 스튜어트Ian Stewart는 가우스에 대하여 "그는 그 결과를 얻은 과정이 사라질 때까지 수학적 증명을 재작업했다."라고 평했다. 가우스와 동시대를 살았던 인물들은 조금 덜 정치적인 표현으로 그의 작문 스타일을 '묽은 죽' 같다고 평가했다.

반대로 오일러는 천재의 역사에서 만날 수 있는 이들 중 가장 친절하고 외향적인 사람이다. 그를 좋아하는 이들은 고양이와 아이들만이 아니었다. 그를 만나 본 대부분의 사람들은 그를 매력적으로 여겼다고 기록으로 전해져 온다. 오일러가 프로이센을 떠나고 몇 년 뒤 프리드리히 II세는 연금을 정비하고 계산하는 방법 때문에 수학자에게 관심을 갖게 되면서 오일러와 우호적인 편지를 주고받게 된다. 그런 경우를 보더라도 오일러는 원한을 품을 수 없는 성품을 가졌던 것으로 보인다.

그렇지만 오일러가 항상 고분고분한 성격을 가졌다는 의미는 아니다. 오일러는 자신의 주장을 강하게 밀어붙였으며 다른 사람들의 의견이 틀렸다고 생각되면 두려워하지 않고 즉각 그것을 지적하였다. 하지만 오일러의 논쟁은 대부분 온화한 분위기 속에서 이루어졌고 격렬한 설전으로까지 이어지지는 않았다.

놀라운 일은 아니지만 오일러는 가르침에 대한 열정이 많았다. 오일러는 대수학 서적을 쓸 때 고용한 필기사에게도 수학을 가르쳤다는 일화가 전한다. 오일러의 아들인 요한에 따르면, 이 일을 계기로 이 필기사는 복잡한 대수학 문제들을 풀 수 있을 정도로 수학에 정통하게 되었다고 한다.

1763년 어느 날 스위스의 크리스토프 제즐러Christoph Jezler라는 젊은이가 베를린에 있는 오일러를 찾아왔다. 제즐러는 아직 발표하지 않은 오일러의 미적분 서적을 모두 필사하고 싶다고 하였다. 수학자가 꿈이었지만 가족들의 반대로 모피 가공업자가 되었던 이 젊은이는 최근 아버지가 돌아가신 후 소망이었던 수학자가 되고자 오일러를 찾아왔던 것이다. 오일러는 제즐러를 자신의 집에 머물도록 하면서 그가 어려워하는 부분을 가르쳐 주기도 했다. 제즐러는 오일러의 집에서 식객으로 머물면서 열성적으로 책을 필사했다. 제즐러는 이후 물리학과 수학 교수가 되었다.

오일러는 연구 논문을 쓸 때 주제와 관련된 다른 수학자들의 업적을 세심하게 인용했는데, 때로는 그들의 실제 업적보다 더 크게 인용하기도 했다. 한 번은 유체 역학(유체를 다루는 물리학의 한 분야)을 연구하고 있었던, 자신의 친구이자 스승의 아들인 다니엘 베르누이Daniel Bernoulli의 공을 가로채지 않기 위해 자신의 연구를 포기하는 관대함을 보이기도 했다(어쩌면 오일러는 스승인 요한 베르누이와 그의 아들 다니엘 베르누이 사이에서 일어난 아이디어의 권리 같은 논쟁을 피하고 싶었을지도 모른다. 다니엘은 자신의 업적이 대부분 성미 급한 아버지의 공로가 되는 복잡한 관계 때문에 엄청난 비참함을 느꼈고, 어느날에는 수학자가 아닌 구두 수선공이 되고 싶다는 글을 남기기도 했다.).

또 다른 일화도 있다. 오일러가 영국의 벤저민 로빈스Benjamin Robins의 탄도학(彈道學)에 대한 책을 번역했던 적이 있었다. 로빈스는 수학과 물리학을 괴상한 시점으로 바라보면서 오일러의 연구 결과를 터무니없는 논지로써 공개적으로 비판했던 과거를 가지고 있던 사람이었다. 오일러는 번역판에 자세한 주석을 달고 오류를 수정하면서 원본보다 더 나은 번역판을 만들었다. 이 번역판은 당대의 걸작으로 여겨지며 원본보다 더 오래 출판되었다. 이후 오일러를 흠모하던 이들은 오일러가 자신을 공격했던 로빈스를 더 유명하게 만들어 반격했다고 기록하였다.

심지어 오일러는 자신과 다른 종교를 가진 이들에게도 관대했다. 수학에서 음악과 의학에 이르기까지 방대한 분야를 다룬 28권 분량의 『백과사전*Encyclopédie*』을 집필했던 프랑스의 철학자 디드로가 1773년 예카테리나 II세의 초청을 받아 상트페테르부르크에서 몇 개월 동안 머문 적이 있었다. 하지만 『백과사전』은 종교적 교리를 포함한 계몽주의 시대의 이념에 이성으로 도전하는 책이었다. 오일러는 자신의 집에서 매일 기도를 하던 독실한 개신교도였기 때문에 디드로와 종교적인 문제로 충돌할 것이라고 예상하였다. 실제로 오일러가 죽은 뒤에 유럽에서 널리 알려졌던 이야기에 따르면, 오일러는 디드로와 공개적으로 신의 존재에 대해 논쟁하는 자리에서 "선생, $a + b^n/n = x$ 이므로 신은 존재하오. 이에 대해 반박해 보시오!"라고 선언하여 디드로에게 면박을 주었다고 전해진다. 물론 디드로는 수학에 대해 잘 몰랐기 때문에 아무런 대답도 하지 못하고 멍하니 서 있었고 구경꾼들은 웃음을 터뜨렸다. 이후 매우 깊은 굴욕감을 느꼈던 디드로는 곧 프랑스로 돌아갔다고 한다.

역사학자인 로널드 캘린저Ronald Calinger에 따르면, 이 이야기는 신빙성이 낮아 보인다. 프로이센의 프리드리히 II세나 그의 법률가가 왕의 군사 정책들 중 일부를 공개적으로 비판했던 디드로를 하찮게 만들기 위해 폄하한 것으로 보인다. 실제로 디드로가 상트페테르부르크에 도착한 지 얼마 되지 않아 오일러는 그를 러시아 과학 협회의 '통신 회원'으로 추천하였고 취임식에도 참여했다. 디드로는 "내가 만든 모든 것을 오일러 씨의 논문 한 페이지와 바꾸라고 해도 기꺼이 그렇게 할 것이다."라는 편지를 학회에 보냈다. 악의로 가득한 이야기와는 달리 디드로는 수학에 정통했으며, 오일러를 당대의 가장 중요한 인물 중 하나라고 여겼던 것으로 보인다. 또한 오일러는 학자를 공개적으로 공격하기보다는 자애로운 사람이었다.

오일러에 대한 기록 중 가장 많이 반복되는 인용문은 프랑스의 수학자인 피에르 시몽 라플라스Pierr Simon Laplace가 동료 수학자들에게 조언한 "오일러의 논문을 읽어라. 오일러의 논문을 읽어라. 그야말로 모든 것의 달인이다."라는 내용이다. 또한 가우스는 "다른 어떤 대학에서 공부하는 것보다 오일러의 논문을 공부하는 것이 수학 여러 분야를 공부하는 데 더 나으며, 그 무엇으로도 대체될 수 없다."라고 평하였다. 20세기 스위스의 수학자이자 철학자인 안드레아스 스파이저Andreas Speiser는 "만약 오일러에게 주어진 지적 파노라마와 그에 이어진 성공적인 연구 결과들을 볼 때 *그는 그 누구도 겪어 보지 못한 것을 경험한 가장 행복한 인간이었을 것이다*."라고 남겼다(마지막 문구는 그 놀라운 문장이 전혀 과장이 아니었다는 것을 강조하기 위해 이탤릭체로 쓰였다.).

결국 오일러는 연구의 선두를 달리고 있었던 것이 아니라 그 자신이 연구의 최선두였다. 그전 시대의 그 어떤 사람도, 또 그의 놀라운 천재성과 그가 발견한 막대한 가능성들을 만끽한 이후 세대의 그 어떤 사람도 그와 같지 않았다. 그러한 점을 감안할 때 오일러 공식은 마치 오일러의 정신처럼 깊고 낯설기만 하다.

6장

웜홀을 지나서

E U L E R ' S   E Q U A T I O N

다시 $e^{i\pi}+1=0$

만약 독자가 오일러처럼 누구도 깨닫지 못한 깊은 지식의 호수에 빠지게 된다면, 무한의 형태로서 놀라운 수학의 규칙성을 나타내는 기호나 숫자 e 나 π 를 제외하고 어떤 것을 찾을 것인가? 오일러는 i를 선택하였다. 실제로 $e^{i\pi}$는 오일러가 수학적 아이디어의 세계를 확장하면서 재미로 확인해 볼 만한 숫자이다. 이 숫자는 오일러 자신처럼 기이하지만 흥미롭다.

그러나 $e^{i\pi}+1=0$의 다른 두 숫자는 어떻게 발견하게 된 것일까? 1과 0은 이 방정식에 들어가기에는 너무 단순한 숫자처럼 보인다. 하지만 수학에서 외형적인 형태는 매우 큰 착각을 일으키고는 한다는 것을 명심해야 한다. 이 두 숫자가 매우 중요한 숫자인 것은 틀림없다. 실제로 0과 1은 e 와 i 와 π 보다 더 중요한 숫자라고 주장할 수 있는 유일한 숫자이다.

0과 1은 사람들이 계산을 시작할 때 처음 나타나는 숫자이다. 1은 덧셈을 사용하여 모든 숫자를 만들어 낼 수 있기 때문에 양의 정수의 어머니라고 할 수 있다. 또한 1은 모든 수에 1을 곱하면 그 값이 변하지 않는 유일무이한 특성을 가진다. 작가인 알렉스 벨

로스Alex Bellos는 설문 조사를 통하여 사람들이 가장 좋아하는 숫자와 그 숫자와 연관된 형용사를 조사한 적이 있다. 사람들은 1이 '독립적인, 강한, 정직한, 용감한, 간단한, 개척적인, 외로운'이라는 형용사들과 연관되어 있다고 답하였다.

0은 요정의 날개처럼 존재하지 않는 것처럼 투명하게 보이지만 블랙홀처럼 모든 것을 강력하게 빨아들인다. 0은 실선의 중앙에서 왕처럼 군림하며 자연스럽게 관심의 중점이 된다. 0은 다른 수와 더하면 어떤 효과도 없지만 숫자에 곱해지면 기이한 힘을 발휘하여 냉혹하게 모든 숫자를 만물의 중심으로 사라지게 만든다. 0과 1만을 사용하여 모든 숫자들을 단순하게 나타낼 수 있다(바로 2진법을 사용하는 것인데, 2진법에서는 모든 숫자가 0과 1로 나타내어진다.).

1이 매우 직선적이라면 0은 기이하다. 친숙하지만 모호한 0의 정의를 벗어나면 정말 양(量)이 없다는 것을 나타낸다는 사실을 알 수 있다. 사람들이 0을 그렇게 인식하기까지는 아주 오랜 시간이 걸렸다. 사실 0은 매우 크지만 실제로는 아무것도 없는 숫자이다. 개념적으로 볼 때 5세기에서 9세기 사이에 인도의 수학자들이 0을 숫자라고 받아들이기 전까지 수천 년 동안 0보다 큰 숫자만이 먼지처럼 수없이 많이 사용되었다.*

---

* 고대 바빌론 시대부터 0은 빠져 있는 어떤 것을 대신하는 기호로서, 예를 들어 66과 606을 구분하기 위한 기호로 사용되었다. 하지만 아무것도 아닌 것을 어떤 숫자로 받아들인 공은 인도 수학자들의 것으로 인정된다. 힌두교는 공허라는 아무것도 없는 개념을 가지고 있었고 그것이 수학적인 개념적 도약을 일으킨 바탕이 되었다.

오일러 공식이 큰 꽃을 피우는 주된 이유는 바로 이것이다. 역사상 가장 유명한, 다섯 가지 숫자만으로 이루어진 공식(또한 더하기와 등호와 거듭제곱이라는, 고대로부터 이어지는 기호들이 사용된다.), 그렇게 수학의 다른 분야에 사용되는, 중요하지만 완전히 연관성이 없어 보이는 다섯 개의 숫자들이 하나의 방정식을 이룬다는 것은 믿을 수 어려운 일이기 때문에 오일러 공식이 화제의 중심이 되었던 것이기도 하다.

이렇게 비유해 보자. 미래의 천문학자들이 (대기 중 산소 수준까지) 지구와 거의 유사한 행성들을 가진 멀리 떨어진 다수의 태양계들을 발견했다고 상상해 보자. 또한 그 모든 태양계의 세 번째 행성이 지구와 유사한 것으로 밝혀졌다고 생각해 보자. 게다가 지구와 유사한 행성에 가까이 있는 행성들이 수성·금성·화성·목성·토성과 유사하다고 해 보자. 이 놀랄 만한 발견은 우주의 구조에 예상치 못한 완벽하고 깊은 규칙성이 존재함을 의미할 것이다. 이 다섯 가지 숫자들은 겉으로는 연관되어 있지 않은 것처럼 보이지만 오일러 공식을 통하여 그 긴밀한 관계가 드러나게 된 것은 놀라운 발견이 아닐 수 없다.*

하지만 놀라운 점은 그뿐이 아니다. 오일러 공식을 한 번도 본 적이 없지만 e와 i와 π에 대해서는 기본적인 지식을 가지고 있다

---

* 물론 어떤 사람들에게는 이 공식이 전혀 흥미롭지 않을 수 있다는 것을 인정한다. 그들은 그 각자의 사유로 이 공식을 흥미롭지 않다고 여겼는데, 마지막 장에서 이 점에 관해 다룰 것이다.

고 상상해 보자. $e^{i\pi}$를 처음 보았을 때 이것이 (a) '코끼리(elephant) 잉크(ink) 파이(pie)'를 대충 휘갈겨 쓴 것이라고 생각하게 될까? 아니면 (b) 무한히 복잡한 무리수 허수라고 생각할까? 솔직하게 답해 보자. 실제로 $e^{i\pi}$는 초월수가 허수의 초월수의 제곱을 가진 수이다.*그리고 (b)라고 생각한 경우 그 숫자 $e^{i\pi}$는 컴퓨터가 아무리 발전하더라도 그 값의 끝을 계산해 낼 수 없는 숫자를 뜻한다.

$e^{i\pi} = -1$이기 때문에 (a)와 (b) 모두 사실이 아니다(19세기 수학자인 피어스가 오일러 공식이나 이와 연관된 공식들을 '완전히 역설적'이라고 느꼈던 이유가 아마 (a)와 (b)가 모두 사실이 아니기 때문이라고 생각한다.). 다시 말해서 수수께끼 같은 세 숫자가 $e^{i\pi}$의 형태로 합쳐졌을 때 이 숫

© informaticcoolstuff.wordpress.com

* 만약 숫자가 사람 같은 성질을 가지고 있다고 생각한다면 $e^{i\pi}$는 초월적 명상의 권위자가 무한한 깨달음을 얻은 것과 같다. 하지만 의인화된 $e^{i\pi}$는 세속적인 문제에서 자유롭지 못한데, 바로 −1, 즉 1000원의 빚을 지고 있다는 것이다.

자들이 서로 반응하여 숫자 공간의 무한히 깊은 굴에서 웜홀이 소용돌이치며 발생해서 정수의 중심이 되는 숫자가 나타나게 된 셈이다. 마치 서기 2370에 켄타우로스 자리의 알파 행성으로 발사된 초록-분홍빛의 인간형 로봇이 변칙적인 시공간을 거쳐 엘비스 프레슬리의 노래가 주크박스에서 흘러나오는 1956년의 어느 캔사스주 토피카의 햄버거 가게에 나타난 것과 같다.

7장

삼각형에서 시소까지

E U L E R ' S   E Q U A T I O N

sin θ, cos θ

월홀과 같은 오일러 공식의 놀라운 핵심은 허수 i에 π를 곱한 것이다. 그렇게 이상한 지수를 해석하는 방법을 최초로 알아낸 사람이 오일러이다.

오일러조차도 허수가 불가능한 분위기를 가졌다고 말했을 정도로 1700년대 중반의 많은 수학자들은 여전히 허수를 불확실한 숫자라고 여겼다. 그렇기 때문에 허수를 지수로 가지는 숫자는 당시 수학의 한계를 초월한 것이었다. 한 숫자를 허수만큼 제곱한다는 발상은 당시 대부분의 수학자들에게는 귀신이 뛰어나와 건반악기에 앉아 댄스 음악을 연주하는 것과 같은 느낌을 주었을지도 모른다.

하지만 오일러는 한계를 초월하는 것을 좋아했다. 많은 수학의 개척자들이 종종 그래 왔던 것처럼 쉽게 받아들여지는 개념과 숫자를 조작하여 참신한 방정식을 도출한 다음 그 참신한 생각을 수학적, 정신적으로 확장하여 결과를 얻었다. 오일러는 이 전략을 사용하여 허수 지수가 예측하지 못하는 친숙한 숫자로 해석될 수 있다는 것을 증명했다.

오일러가 $e^{i\pi}+1=0$을 도출한 방법은 매우 독창적이지만 고등학교 수학을 공부한 사람이라면 쉽게 이해할 수 있다. 여기에서는 미적분을 없애고 조금 단순화된 증명을 제시하고자 한다.

그 전에 우선 간단하게 그 전제가 되는 내용들을 살펴보자. 오일러는 e를 허수만큼 제곱한 숫자를 삼각법의 사인과 코사인으로 나타낼 수 있다는 것을 증명하였다.

여기에서 사인 함수와 코사인 함수의 기본적인 개념을 조금만 설명하고 넘어가기로 한다.

사인과 코사인은 함수의 일종이다. 앞에서 언급한 것처럼 함수는 일종의 컴퓨터 프로그램과 같이 숫자를 입력하면 정해진 과정을 통하여 결과를 출력한다. 하지만 삼각 함수는 $2x+8$ 같은 간단한 함수보다 더 흥미로운 특징이 있다. 이 함수들은 사람의 이름을 입력으로 사용하여 전화번호부에서 그 이름과 연관된 번호를 찾아 결과로 출력하는 방식으로 작용한다(이 함수의 비유 또한 오일러로부터 이어진 것이다. 오일러는 연결된 두 숫자들의 관계로 함수를 설명할 수 있다고 생각하였다. 함수는 본질적으로 '다른 수량에 의존하는 수량이기 때문에 그 다른 수량이 변하면 함수의 수량도 변한다.').

삼각 함수에 입력되는 값은 직각 삼각형의 각의 크기로 규정된다. 출력되는 결과는 삼각형의 변의 길이의 비율이다. 즉, 사람의 이름과 번호가 연결된 전화번호부처럼 직각 삼각형의 직각이 아닌 다른 각과 그 각에 연관된 삼각형의 변의 길이의 비율이 서로 연결되어 있다. 이 함수들은 한정된 정보에 기반을 두어 삼각형의 크기를 알아내는 데 매우 유용하다. 삼각 함수를 뜻하는 'Trigonometry'는 '삼각형의 측정'을 뜻하는 고대 그리스어에서 유래되었다.

삼각 함수가 어떻게 작동하는지 이해하려면 〈도표 7.1〉과 같이 90°의 각과 다른 두 개의 예각을 가진 직각 삼각형을 사용해야 한다. 직각의 반대편에 위치한 각을 빗변이라고 부른다. 〈도표 7.1〉의 경우 임의로 빗변의 길이를 1단위길이라고 정했는데, 그 단위길이는 경우에 따라 밀리미터에서 센티미터, 킬로미터 또는 광년이 될 수 있다.

*Lo*는 θ(세타) 라고 표시된 각의 반대편에 있는 대변의 길이를 나타내고 *La*는 각 θ에 인접한 인접변의 길이를 나타낸다(빗변이 아닌 다른 변).

사인 함수는 줄여서 $\sin\theta$라고 쓰는데, 여기에서 그리스 문자 θ는 각도의 크기를 나타내는 변수이다. θ는 각의 이름을 나타내기

〈도표 7.1〉

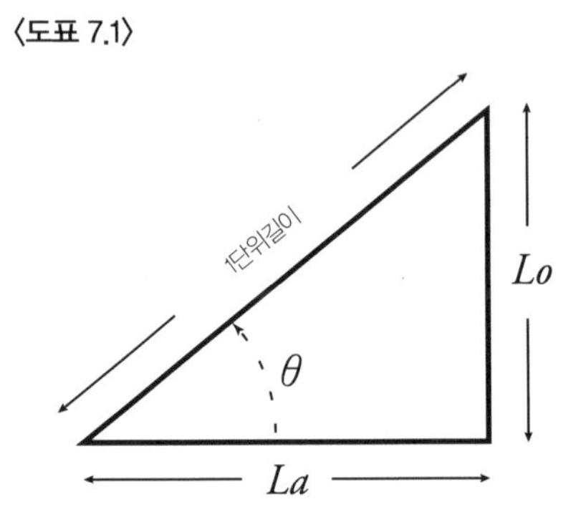

도 하지만 때로 그 각의 크기를 나타내기도 한다. θ는 변수이기 때문에 실제로 사인 함수 $\sin\theta$에 대입할 수 있고 정해진 규칙에 따라 그에 해당하는 값을 얻게 된다. 일반적으로 90°보다 작은 두 예각 중 하나의 값을 입력값으로 사용하면 사인 함수는 그 각의 대변과 빗변의 길이의 비율을 출력값으로 계산한다.

〈도표 7.1〉의 삼각형의 경우 각 θ의 $\sin\theta$값은 Lo와 빗변의 길이의 비율인데, 빗변을 1단위길이라고 두었으므로 그 비율을 분수로 나타내면 $Lo/1$, 즉 분모가 1이기 때문에 분모를 없애고 분자만 사용하여 Lo가 된다(예 $4/1 = 4$, $200/1 = 200$). 즉, $\sin\theta = Lo/1 = Lo$가 된다. 여기에서 방정식을 좌우로 돌리고 $Lo/1$를 빼면 $Lo = \sin\theta$가 된다. 마지막 방정식은 삼각형의 각 θ의 사인 값이 Lo라고 표시된 변의 길이와 같다는 것을 뜻한다.

이제 특정한 θ값에 대한 사인 함수 값을 살펴보도록 하자. 〈도표 7.1〉의 삼각형의 각 θ는 약 38°이다. 계산기를 사용하여 사인 값을 계산하면 약 0.616이 된다(계산기는 비율을 사용하지 않고 개념적으로 동등한 분수를 10진수 소수로 나타낸다.). 그러므로 $Lo = \sin 38^\circ \approx 0.616$ 단위길이라는 것을 알 수 있다(0.616 앞의 구불구불한 등호는 '근사하게 같다'라는 것을 뜻한다.). 사인 함수를 (계산기를 통해) 사용하면 자를 사용하지 않고도 Lo의 값을 구할 수 있다. 그렇게 삼각 함수를 사용하여 제한된 정보를 가지고 직각 삼각형의 크기를 알아낼 수 있다. 이 경우 주어진 제한된 정보는 각 θ의 크기와 빗변의 길이(1단위길이)였다.

$\cos\theta$라고 쓰는 코사인 함수 또한 사인 함수와 유사한 성질을 가지는데, 각과 인접한 변과 빗변의 길이의 비율을 나타낸다는 점이 사인 함수와 다르다. 따라서 〈도표 7.1〉의 삼각형에 코사인 함수를 사용하면 $\cos\theta = \cos 38^\circ = La/1 = La$가 되고 계산기를 사용하여 $\cos 38^\circ \approx 0.788$ 값을 얻어 각 θ 에 인접한 변의 길이가 약 0.788(단위길이)이라는 것을 알 수 있다.

이러한 삼각 함수의 정의를 이해하는 데 도움이 되는 다음의 간단한 연습 문제를 살펴보자. 종이에 직각 삼각형을 그려 보자. 각도기를 사용해서 삼각형의 직각 이외의 다른 두 각 중 하나를 측정해 보자. 위에 설명된 과정으로 그려진 삼각형에 삼각 함수를 사용하면 그 삼각형의 두 변의 길이를 예측할 수 있다(빗변 이외의 다른 두 변).*

연습을 마무리하기 위해 눈금자로 삼각형의 두 변을 측정하여 삼각 기반의 예측이 정확한지 확인해 보자. 마지막으로 자를 사용하여 삼각형의 두 변의 길이를 잰 뒤 삼각 함수로 예측한 길이가 정확한지 확인할 수 있다.

분수를 소수로 변환하기 위해서는 간단하게 분자를 분모로 나눈 값을 계산하면 된다(분수는 분자를 분모로 나누는 값을 나타내는 나눗셈 문제로 여겨질 수 있다. 예 1/4 = 0.25).

---

* 몇 가지 유용한 힌트: 사인 함수와 코사인 함수를 계산할 수 있는 계산기가 없다면 구글을 사용해도 된다. 구글에 'sin72 degrees = '라고 검색하면 (따옴표를 제외) 검색 엔진이 계산 값을 제공해 준다.

사인 함수와 코사인 함수를 직각 삼각형의 각과 연관 지어 설명했기 때문에 90° 이상의 둔각은 이 두 함수에 사용될 수 없다고 생각할 수 있다. 실제로 삼각형의 각 θ의 값이 90° 이상인 값을 가진 직각 삼각형은 존재하지 않는다.

그러나 사인 함수와 코사인 함수가 90° 이상의 각을 입력값으로 받아들일 수 있도록 그 함수의 정의를 확장하는 방법이 있다. 이후 자세히 설명하겠지만 이 변경 과정은 함수의 내부 디렉터리가 삼각형 내의 각도를 입력으로 가지는 것이 아니라 원 안에 위치한 각에 기반을 두도록 재프로그래밍하는 과정으로 생각할 수 있다.

확장된 함수의 정의가 어떻게 작용하는지 보기 위해서 17세기 프랑스의 철학자이자 수학자인 르네 데카르트René Descartes가 연구한 xy 평면에 대해 조금 알아보도록 하자. xy 평면은 보통 x 축이라고 불리는 수평선과 y 축이라고 부르는 수직선을 특징으로 하는 평평한 2차원 표면으로 설명할 수 있다.

〈도표 7.2〉에서 볼 수 있듯이 평면상의 점은 x좌표와 y좌표라고 하는 괄호 안의 숫자 쌍으로 나타낸다. 좌표는 지도에서 거리의 교차로에 숫자를 배정하여 동-서 위치와 남-북 위치를 나타낸 것과 같다. 예를 들어 좌표 쌍 (2, 3)에서 2는 x 좌표로서 (2, 3)이 y 축에서 수평적으로 떨어져 있는 x 축에서의 수평 거리를 나타낸다. 좌표 쌍의 두 번째 숫자인 3은 y 좌표로서 (2, 3)이 x 축과 떨어져 있는 수직 거리를 나타낸다. 두 축이 만나는 점을 원점이라고 부르며, 원점의 좌표 쌍은 (0, 0)이다.

〈도표 7.2〉

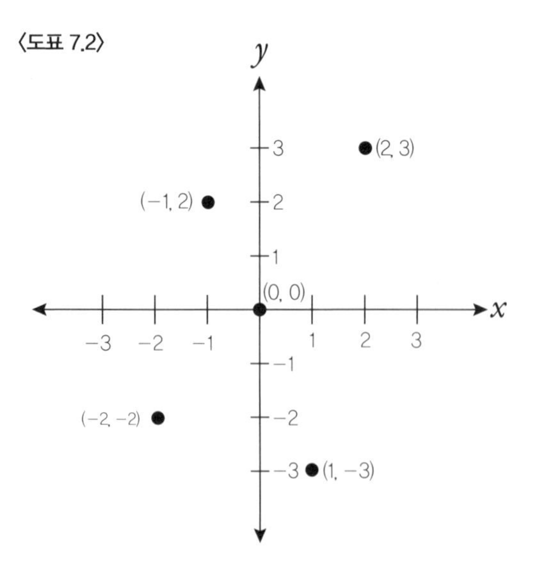

수학 시간에 배운 것처럼 $y = 2x$ 또는 $y = x^2$과 같은 방정식은 그 등식을 만족시키는 x 좌표와 y 좌표에 점을 찍어 그 그래프를 그릴 수 있다. 그러한 과정을 통하여 함수를 기하학적으로 그려 낼 수 있고 이해하기 어려운 부분들을 이해하기 쉽도록 드러내기도 한다. 하지만 이 분석적 기하학 과정에 삼각 함수를 적용해 보자. xy 평면에 직각 삼각형을 그리기 이전에 원점을 중심으로 가지는 특별한 원 안의 각도를 고려해 보자. 이 원을 단위원이라고 부른다.

(역사적 사건: 삼각법은 주로 달과 같이 멀리 떨어진 물체까지의 거리를 구하려던 천문학자들의 노력의 결과물이다. 그중 고대 그리스의 천문학자인 히파르코스Hipparchus는 원 안에 그려진 선의 길이가 원주를 따라 측정된 원호의 길이와 관련이 있다는 생각을 포함한 주요 개념 중 몇 가지를 밝힘으로써 삼각 함수를 원의 개념에서 정의한 선구자이다. 하지만 단위원을 삼각법의 중앙에 두는 개념

을 발명한 것은 오일러였는데, 그는 그 과정을 통하여 수학자들이 근대판 삼각법 이라고 여겼던 개념을 결정화하였다. 이 장의 나머지 부분에서는 근대판 삼각법을 단순화해서 설명하고자 한다.)

단위원의 중심은 원점 (0, 0)이고 반지름은 1단위길이를 가진다. 〈도표 7.3〉에서 볼 수 있듯이 단위원은 (1, 0), (0, 1), (−1, 0), (0, −1)의 네 점에서 x축, y축과 교차한다.

일반적으로 시계의 분침처럼 보이는 1단위길이(반지름)의 선이 원 중앙에서 바깥으로 그려져 각도를 나타낸다. 도표를 보면 처음에는 원점에서 (1, 0)을 가리키도록 선분을 그린다(즉 세 시 방향을 가리키는 것처럼 그려야 한다.). 그런 다음 원점을 중심으로 시계 반대 방향으로 한 바퀴 회전시키면 각 θ가 0°에서 360°를 거치게 된다.

〈도표 7.3〉

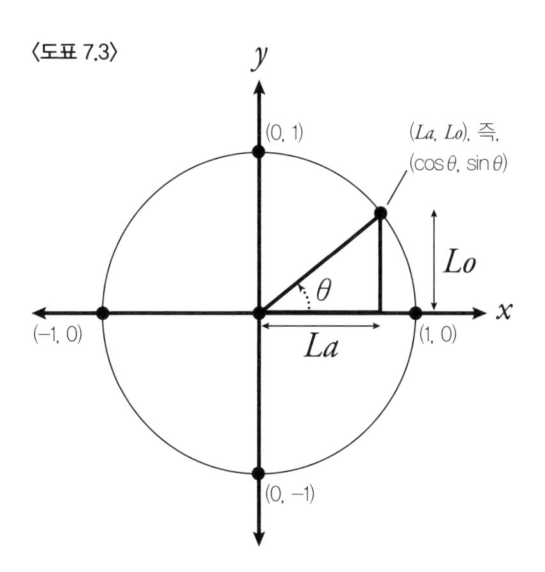

θ가 0°에서 360°로 변할 때 선분의 끝은 항상 단위원 상의 점에 닿는 것을 볼 수 있다. 그 점을 찾기 위해서는 *La* 길이를 x 축에 따라 수평으로 측정하고 *Lo* 길이를 y 축에 따라 세로로 측정한다. 여기에서 다루는 *Lo* 와 *La* 는 앞에서 설명했던 것과 같다. 그렇게 〈도표 7.3〉에 표시된 삼각형의 밑변과 대변의 길이를 구할 수 있다. 이 삼각형은 원 안에서 θ가 0°에서 이동한 것을 기준으로 정해지는데 θ 의 방향을 점선으로 표시하였다. 또한 빗변은 원의 반지름과 같기 때문에 1단위길이를 가진다는 것을 알 수 있다.

삼각 함수의 삼각형 기반 정의를 단위원 기반 정의로 확장하는 방법을 보여 주기 위해서 원 안에 이전에 제시했던 삼각형을 그렸다. 그 방법은 아래에서 자세히 설명하도록 한다. 믿기 힘들 수 있지만 우리는 그러한 개념적 확장을 이미 겪어 본 경험이 있다. 각도에 대해 배울 때 두 교차하는 선들이 만드는 각거리의 개념을 배웠지만 그것이 이처럼 놀라운 개념적 도약이라는 것은 깨닫지 못했을 것이다.

x축에 접하는 삼각형의 변 *La*는 θ에 인접한다. 그렇기 때문에 삼각형에 기반한 코사인 함수의 값은 $\cos\theta = La/1 = La$이다(이 방정식은 〈도표 7.1〉의 삼각형에서 본 것과 동일하다.).

하지만 *La* 는 단위원과 연관된 두 번째 의미를 가진다. 즉, 각도가 움직인 선분 끝에 위치한 점의 x 좌표를 나타내기 위하여 x 축을 따라 이동해야 하는 거리를 나타낸다. 그리고 두 부분으로 이루어진 방정식을 통하여, $\cos\theta = La/1 = La$ 이고, *La* 대신 $\cos\theta$

를 사용해서 점의 x 좌표를 나타낼 수 있다는 것을 알 수 있다.

이동한 각의 선분 끝에 위치한 점의 y 좌표에도 이와 유사한 논리를 적용할 수 있다. 즉, $\sin\theta = Lo/1 = Lo$이고 좌표 쌍의 Lo 대신 $\sin\theta$를 사용할 수 있다.

따라서 〈도표 7.3〉에 표시된 것처럼 좌표 쌍인 (La, Lo)를 $(\cos\theta, \sin\theta)$로 표현할 수 있다.

이제 이 그림을 움직여 보자. 처음에 세 시 위치에 선분을 두고 시계 반대 방향으로 회전시켜 세 시와 열두 시 사이에 어떤 점을 가리키는 선으로 이루어진 각을 쉽게 구분할 수 있다. 이러한 점은 0°와 90° 사이의 값을 취하며, θ라는 기호를 사용하여 나타낸다. 그리고 선분이 단위원과 만나는 점에서 각 θ까지 이어지는 빗변의 길이가 1인 직각 삼각형을 그릴 수 있다. 예를 들어 θ가 90°에 가까워질수록 그 삼각형은 높이가 증가하고 밑변은 줄어든다. 즉, La의 값은 0에 가까워지고 Lo의 값은 1에 가까워진다. 그리고 한 단위길이를 빗변으로 가지는 삼각형의 경우 삼각 함수의 정의에 따라 $\cos\theta = La$와 $\sin\theta = Lo$가 항상 성립한다.

결론 움직이는 선분의 끝의 좌표는 항상 $(\cos\theta, \sin\theta)$로 나타낼 수 있고, 이때 θ는 0°에서 90° 사이의 값을 가진다.

우리는 방금 0°와 90° 사이의 각도에 대하여 코사인 함수와 사인 함수를 계산할 수 있는 새로운 가능성을 발견하였다. 바로 삼각 함수가 삼각형의 측면 길이 비율을 결괏값으로 가지는 것이 아니라 그 선 끝의 점의 x 좌표와 y 좌표를 결괏값으로 가지는 것이다. 선이 $\theta°$만큼 회전했을 때 내부의 디렉터리가 x 좌표, y 좌표(코사인과 사인 값)와 짝을 이루는 각으로 구성되어 있다면 함수의 숫자를 변경하지 않아도 된다. 여기에서 본 것처럼 삼각형에 기반한 삼각 함수와 단위원 위의 좌표 쌍에 기반한 삼각 함수는 서로 같은 값을 가진다.

하지만 선분이 90°를 넘도록 회전하면 어떻게 될까?

이 질문은 위에 표시된 단위원 안의 직각 삼각형을 사용해서는 답할 수 없다. 우리가 필요로 하는 직각 삼각형은 한 각이 직각이고 또 다른 각 θ가 90°보다 커야 하는데 그러한 삼각형은 존재하지 않는다.

그렇지만 다행스럽게도 단위원 기반의 삼각 함수는 이 문제를 해결할 수 있다. 즉, 삼각 함수를 다시 정의해서 90°보다 더 큰 각도로 회전하는 경우(90°보다 작은 각도로 회전하는 경우)와 같이 여전히 단위원 위의 xy 좌표를 사용하여 나타낼 수 있다는 것이다. 그리고 음의 각도를 나타내는 것은 시계 방향으로 움직인다고 생각할 수 있다.

여기에서 말하는 삼각 함수를 재정의한 예를 살펴보자. 180°로 회전한 경우 관행적으로 항상 세 시 위치에서 시작하기 때문에 회전한 후에는 (−1, 0)에 이른다(이게 잘 그려지지 않는다면 〈도표 7.4〉를 참조해 보도록 하자.). 그렇기 때문에 새로운 삼각 함수 정의에서는 코사인 함수의 출력값이 −1이 되어야 하고 사인 함수의 출력값은 0이

〈도표 7.4〉

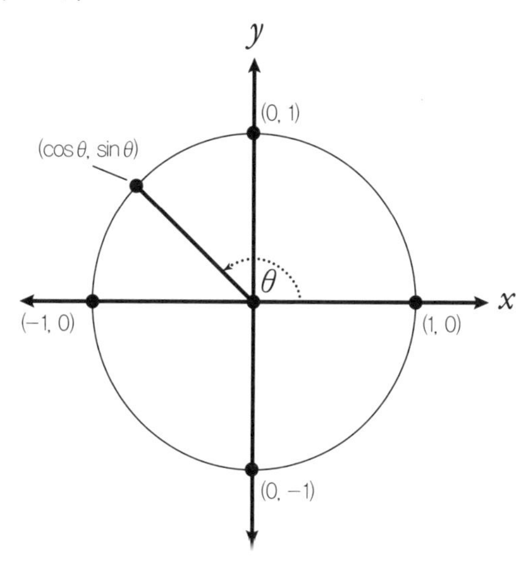

된다. 그렇다면 $\cos 180^\circ = -1$과 같이 $\sin 180^\circ = 0$이 된다. 이후에 보게 되겠지만 이 예는 오일러 공식을 이해하는 데 매우 중요한 역할을 한다.

잠시 동안 간단한 예제를 하나 살펴보자. $\cos 90^\circ$와 $\sin 90^\circ$의 값은 무엇인가? $\cos 360^\circ$와 $\sin 360^\circ$의 값은 무엇인가?*

요약하자면 우리는 코사인 함수와 사인 함수가 모든 각도를 입력값(정의역)으로 받아 출력값(치역)을 제공하는 비 - 삼각형 기반의 삼각 함수의 세계로 들어왔다(360°보다 더 큰 각도에도 적용되는데, 이 부분은 다음에서 설명하기로 한다.).

* 정답: $\cos 90^\circ = 0$, $\sin 90^\circ = 1$, $\cos 360^\circ = 1$, $\sin 360^\circ = 0$.

〈도표 7.4〉는 90°에서 180° 사이의 각도로 확장된 삼각 함수의 정의를 보여 준다. 이 경우 x값이 원점보다 왼쪽에 있으므로 $\cos\theta$ 는 0과 −1 사이의 음수를 값으로 가지게 된다. 사인 함수는 이 각도 범위에서 여전히 0에서 1 사이의 값을 가진다(xy 평면을 보면서 어떤 각도 θ 에서 y 의 값이 바뀌는지 살펴보자.).

또 다른 연습 문제를 풀어 보자. θ가 180°보다 크고 270°보다(원의 3/4) 작을 때 가능한 $\cos\theta$와 $\sin\theta$의 값을 살펴보자. 또한 θ가 540° 이상 630° 미만일 경우의 코사인과 사인 함수 값을 찾아보자.*

큰 각도에 대한 두 번째 연습 문제의 힌트: 360°보다 더 크게 회전하기 위해서는 선분이 원을 한 바퀴 이상 회전해야 한다는 것을 뜻한다. 예를 들어 450°를 회전하면 450 = 360 + 90이므로 한 바퀴를 돈 다음 90°만큼 회전하는 것이다. 그러므로 450°를 회전하는 것은 90°를 회전하는 것과 같다. 그렇기 때문에 450°의 사인 값과 코사인 값은 90°의 값과 같다(두 각도의 코사인 값과 사인 값은 단위원 위의 동일한 점에 기반을 두어 계산되기 때문에 서로 같다.).

마찬가지로 360° 이하의 임의의 각은 그 각에 360°의 n배를 더한 각과 동일한 위치에 있기 때문에 그 모든 각에 대한 사인 값과 코사인 값들은 서로 같다. 그렇기 때문에 360°보다 더 큰 각의

* 정답: 두 경우 모두 $\cos\theta$와 $\sin\theta$는 0에서 −1 사이의 값을 가진다.

코사인 값과 사인 값을 구하는 경우 그 각이 0과 360° 사이에 올 때까지 반복해서 360을 뺀 후 그 각에 대한 코사인과 사인을 구할 수 있다. 각이 점점 더 커지더라도 삼각 함수는 주기적으로 같은 값을 가지기 때문에 xy 평면에 그려진 사인 함수와 코사인 함수의 그래프는 무한한 '사인 곡선'을 그리게 된다.

충분한 시간과 두 개의 측정 도구(각도기와 자)가 있다면 다양한 각도에서 사인 함수와 코사인 함수의 값을 표로 만들 수 있을 것이다(이 표는 특정한 각의 사인 값과 코사인 값을 구할 수 있는 대략적인 디렉터리가 될 수 있다.). 두 도구를 사용하여 xy 평면의 단위원 안쪽에 0°에서 360°까지 원을 그리면서 30° 위치마다 (시계의 매 시각마다) 눈금을 그린다. 정확하게 그리기 위하여 1° 단위도 눈금을 그려 보자. 그런 다음 각 각도에 대하여 x축과 y축에서의 거리를 정확하게 측정해서 단위원 위 눈금의 좌표를 구할 수 있다. 마지막으로 표의 좌표를 그 각의 코사인 값과 사인 값으로 기록한다.

표를 완성한 후에는 각도기를 사용하지 않고 원하는 특정 각에 해당하는 칸으로 가서 각에 해당하는 점의 좌표를 통하여 cos 143°와 sin 143°를 구할 수 있다. cos 143°는 약 −0.799이고 sin 143°이 약 0.602이므로 원점에서 왼쪽으로 0.799 단위, 위쪽으로 0.602 단위만큼 떨어져 있는 곳에 이 점이 위치한다는 것을 알 수 있다. 또한 그곳에서 앞에서 그렸던 원과 만나야 한다(단위원). 마지막으로 원점에서 그 점을 잇는 선을 그린 다음 해당 각을 얻을 수 있다.

이 모든 것에 대해 생각할 수 있는 한 가지 방법은, 좌표 쌍 ($\cos\theta$, $\sin\theta$)을 자동으로 주어진 각도에 해당하는 만큼 선을 회전시킨 후 단위원 위에서 그 선과 만나는 점을 그리는 일종의 도구라고 여기는 것이다. 이것을 좌표계라고 부르자. 만약 이 좌표계에 각도 θ를 사용하면 이 도구는 세 시 방향에서 시계 반대 방향으로 θ만큼 회전시킨 후 1단위길이의 선이 있는 곳을 가리켜서 $\cos\theta$, $\sin\theta$를 구하고 난 후 제자리로 돌아가게 된다.

단위원 기준으로 재정의된 삼각 함수는 그네나 시소처럼 주기적인 운동을 하는 진동을 모델링하는 데 사용될 수 있다. 가정에서 사용하는 전기 플러그에서 발생하는 교류도 회전 운동을 하기 때문에 1800년대 후반 전기 엔지니어들은 AC 기반 회로를 설계할 때 삼각 함수를 사용하였다. 원칙적으로 우리 주변의 전기 장치들은 뒷면에 '삼각 함수가 사용됨'이라고 작게나마 표시를 해 두어야 한다.

진동은 넓은 의미에서 앞뒤로 움직이는 운동을 말한다. 진동이 삼각 함수들과 관련되는지 알기 위하여는 시계의 분침처럼 단위원 안을 계속해서 회전하는 장치를 상상해 보자. 그러한 그림을 상상하면서 도구가 시간이 지남에 따라 세 시와 아홉 시 사이를 왔다 갔다 하는 것을 볼 수 있다(원을 따라 정반대에 위치한 두 지점을 반복적으로 지나가는 것을 상상해 보자.). 이러한 운동은 앞뒤로 움직이는 진동의 형태로 나타낼 수 있고 회전 운동도 진동으로 나타낼 수 있다. 앞장에서 보았듯이 θ가 지속적으로 증가할 때 좌표 쌍($\cos\theta$, $\sin\theta$)이 변화하는 것이 회전이라고 할 수 있고, 이러한 기능을 하는 도구를 좌표계라고 부르기로 했다. 만약 좌표계의 θ가 1초에 360°만큼 증가한다면 이 좌표계는 매초마다 원을 한 번씩 그리게 된다. 이 삼각 함수 구동 운동은 1초를 주기로 가지는 진동 운동이라고 볼 수 있다.

역사학자들은 갈릴레오가 회전 운동을 진동 운동의 개념으로 연결했다고 본다. 하지만 갈릴레오가 이 개념적 연결 고리를 발견하기도 전에 16세기 독일의 한 익명의 발명가가 발판으로 구동하는 물레를 최초로 발명했는데, 이 물레는 발의 위아래 진동 운동을 회전 운동으로 변환하는 기기였다.

간단하게 삼각법을 마무리하기 위해 각을 나타내는 단위 '도(°)'를 라디안(rad)으로 대체하는 것을 소개하고자 한다. 일반적으로 단위원을 기반으로 재정의된 사인 함수와 코사인 함수는 일반적으로 각도가 아닌 라디안을 기준으로 측정된다.

라디안을 사용하는 이유는 무엇일까? 라디안 단위를 사용하면 각도를 사용할 때보다 계산이 수월해지기 때문이다. 고대 바빌로니아인들은 각도를 사용하여 각을 측정하였는데, 숫자 60과 그 배수들이(6 × 60, 또는 360) 너무 많기 때문에 360이 사용되었다(아마도 당시 1년이 약 360일이었던 것에서 영향을 받았을지도 모른다.). 아주 오래된 이 개념은 때로 유용하기도 하지만 로마 숫자처럼 몇몇의 단순한 수학과 다수의 고등 수학에서 사용되기에는 불필요하게 복잡하고 혼란스러운 고대 사고방식의 흔적이 남아 있다.* 그러한 문제들을 해결하기 위하여 라디안이 사용되었다.

라디안은 단위원 내의 각을 나타내는 데 적합하다. 좌표계가 원을 따라 각도를 증가시키면 그 선의 끝 점은 원에서 일정한 거리를 유지하면서 회전한다. 라디안은 이 호의 길이에 기반한 것으로

---

* 수학 사학자인 모리스 클라인Morris Kline이 "로마인들이 수학 역사에서 한 일은 수많은 것들을 파괴한 것밖에 없다."라고 말한 것처럼 군국주의적이고 폭력적이었던 로마인들은 수학에서 무기력할 정도로 무지했다. 때문에 고대 로마 제국에서 계속 번영했다면 수학과 그에 따른 과학들은 발전을 이루지 못하고 민간 치료법 수준의 의학이 수천 년간 이어졌을지도 모른다. 로마인들이 고대의 파인먼이라고 할 수 있는 아르키메데스를 살해한 것도 그러한 맥락에서 파악할 수 있다. 네로와 칼리굴라 황제의 손에 핵 버튼이 쥐어져 있지 않은 것이 얼마나 다행인지 모른다.

서, 라디안을 구체적으로 정의한다면 반지름이 주어졌을 때 그 선을 따라 움직이는 호의 길이와 원의 반지름의 비율이다. 단위원은 특수한 경우 중 하나로 반지름의 길이가 1이므로 1라디안 각과 연관된 호의 길이는 1단위길이가 된다.

각 좌표계가 단위원 주위를 한 바퀴(360°) 돌면 몇 라디안에 해당하는 걸까? 모든 원의 원주는 지름을 π와 곱한 것과 같다는 것을 기억하면 답이 떠오를 것이다. 원의 지름은 반지름의 두 배이므로 원주는 $2 \times r \times \pi$ 단위가 되고 여기에서 r는 반지름을 나타낸다(단위원의 경우 1). 그러므로 원 한 바퀴를 라디안으로 나타내면 $2 \times 1 \times \pi = 2\pi$라디안이 된다. π가 약 3.14라는 것을 알고 있으므로 원 한 바퀴는 약 $2 \times 3.14 = 6.28$라디안이라는 것을 알 수 있다. 하지만 수학에서는 π 대신 숫자를 잘 대입하지 않기 때문에 대부분의 경우에는 어떤 숫자를 π에 곱한 값으로 각도를 나타낸다.

이제 360°가 2π 라디안과 같다는 것을 알게 되었으므로 2π 라디안의 절반인 π 라디안은 360°의 절반인 180°와 같아야 한다는 것을 알 수 있다. 또한 π 라디안의 절반인 $\pi/2$ 라디안은 180°의 절반인 90°와 같아야 한다.

요약하면 2π 라디안 = 360°, π 라디안 = 180°, $\pi/2$라디안 = 90°이다. 이 정도면 라디안에 대하여 모든 것을 안 것과 다름이 없다.

π 라디안 = 180°이므로 $\cos \pi = -1$이고 $\sin \pi = 0$이다(라디안이라는 단어는 삼각 함수의 각도에 대입하는 경우 일반적으로 생략된다.). 이 두

가지 삼각 함수들은 오일러 공식을 유도하는 방법을 설명할 때 매우 중요한 역할을 한다.

삼각법에 대한 네 가지 사실은 뒤에서 다룰 것이다. $\pi/2$ 라디안(90°)을 지난 후 좌표계 끝부분의 좌표를 조사하면 $\cos \pi/2 = 0$과 $\sin \pi/2 = 1$이 되는 것을 알 수 있다. 마지막으로 $\cos 0 = 1$이고 $\sin 0 = 0$이 된다. 즉, 좌표계가 0라디안만큼 움직이면 그 끝부분은 좌표가 (1, 0)인 지점에 머물게 된다.

이 장을 이해했다면 일단 오일러가 발견한 삼각 함수와 허수 지수 사이에 숨겨진 연결 고리를 이해할 준비가 된 것이다. 이 연결 고리는 오일러 공식에 매혹적인 의미를 부여한다. 그렇지만 세부적인 내용으로 들어가기 전에 어떻게 삼각 함수와 허수와 무한대가 결합되는지 먼저 보여 주고자 한다. 이를 통하여 오일러가 $e^{i\pi} + 1 = 0$을 발견하기 위하여 탐험했던 여정에서 발견한 개념의 발전 과정을 쉽게 이해할 수 있을 것이다.

8장

아들이 낸 문제

E U L E R ' S   E Q U A T I O N

$f(\pi) = 0$

다음은 어떤 가상의 상황을 제시한 것이다. 한 중년 남성이 요즘 읽고 있는 책에 대한 이야기를 친구들과 나눈다고 가정해 보자.

수학에 관심이 많았던 그 남성은 허수와 삼각법, 무한수열의 합 등을 탐구하는 책을 읽는 과정에서 생각했던 것보다 더 이해하기 쉽고 흥미롭다고 말하는데, 사회성은 조금 떨어지지만 수학적 능력이 출중한, 중학생 아들이 갑자기 그 이야기에 관심을 가지기 시작한다. 아들은 이야기에 끼어들면서 자신도 그런 내용들을 공부하고 있으며, 자신이 가장 좋아하는 책인 『완전한 천재를 위한 기초수학*Basic Math for the Complete Genius*』의 '쉬운' 문제를 풀어 볼 의향이 있는지 물어 온다.

생각해 볼 틈도 없이 아들은 종이를 꺼내 다음과 같이 무한수열의 합의 함수를 적기 시작한다.

$$f(\theta) = (i\cos\theta)^2/2 + (i\cos\theta)^4/4 + (i\cos\theta)^8/8 + (i\cos\theta)^{16}/16 + \cdots$$

아들은 "세타(θ)에 파이를 대입하면 어떤 함숫값이 나올까요? 저는 이걸 푸는 데 2분이 걸렸어요."라고 말한다. 그리고 밝은 모습으로 말을 이어 간다. "이 문제는 정말 쉬워요. 제 친구도 나만큼은 못하지만 이걸 꽤 빨리 풀었거든요."

그 남성이 아들이 작성한 내용을 주의 깊게 생각해 보려는 순간 무한 합에서 θ에 π를 대입하면 $\cos\theta = \cos\pi = -1$이 된다는 것을 떠올린다. 모든 코사인 값들이 사라지고 −1이 남았는데 $i^2 = -1$이라는 것도 떠오르게 된다(i는 −1의 제곱근이므로 $i^2 = -1$이 된다.) 그렇게 i 곱하기 i가 나올 때마다 그 값을 −1로 대입하여 본다.

그 과정에서 그 남성은 '어쩌면 이 문제가 그리 어렵지 않을 수도 있겠군.'이라고 생각한다. 주변의 친구들은 그 남성이 그 문제를 못 풀 것이라고 생각했지만 그 남성은 힘들이지 않고 문제를 풀어 나가기 시작한다(이 책을 읽으면서 그렇게 풀지 못한다는 것은 말이 안 되지 않는가?).

우선 무한수열에서 처음으로 θ를 포함하는 항을 계산한다. $(i\cos\theta)$에서 $\cos\theta$에 π를 대입한 후 i를 곱한 다음 제곱하고 2로 나누면 된다.

풀이 과정은 다음과 같다.

$(i\cos\pi)^2 = (i\cos\pi) \times (i\cos\pi)$ **[제곱의 정의]**

$= (i \times -1) \times (i \times -1)$ **[$\cos\pi = -1$]**

$= i \times i \times -1 \times -1$

[곱셈의 교환 법칙과 결합 법칙을 사용하여 재배치]

$= i^2 \times 1$

[제곱의 정의, 적의 적은 친구이다(마이너스 × 마이너스 = 플러스).]

$= -1 \times 1$ **[i는 −1의 제곱근이므로 $i^2 = -1$]**

$= -1$ **[친구의 적은 적이다(마이너스 × 플러스 = 마이너스).]**

$(i \cos \pi)^2/2$에서 분자가 −1이라는 것을 증명했으므로 이 항의 값은 −1/2이 된다.

그렇게 당신은 두려움 없이 두 번째 항인($(i \cos \pi)^4/4$)에서 분자를 풀게 된다.

$(i \cos \pi)^4 = (i \cos \pi) \times (i \cos \pi) \times (i \cos \pi) \times (i \cos \pi)$

$= (i \cos \pi)^2 \times (i \cos \pi)^2$ **[제곱의 정의]**

$= (-1) \times (-1)$ **[위에서 증명한 것과 $(i \cos \pi)^2 = -1$]**

$= 1$

즉, $(i \cos \pi)^4/4$은 1/4이다.

그 남성은 잠시 생각하다가 모든 후속 항의 분자는 4보다 큰 짝수를 $(i \times \cos \pi)$의 지수로 갖는 형태로 나타낼 수 있다는 것을 알게 된다[$(i \times \cos \pi)^2$의 제곱, 네제곱, 8제곱, ……].

$(i \cos \pi)^4$의 경우 $(i \cos \pi)^2$의 제곱이기 때문에 $-1 \times -1 = 1$

이라는 것을 알 수 있다. 또 세 번째 항을 풀면,

$(i \cos \pi)^8 = (i \cos \pi)^2 \times (i \cos \pi)^2 \times (i \cos \pi)^2 \times (i \cos \pi)^2$

$= -1 \times -1 \times -1 \times -1 = 1 \times 1 = 1$

그러므로 $(i \cos \pi)^8/8$은 1/8이다.

이와 같은 방법을 계속 적용할 수 있다.

그 남성은 그렇게 아들이 적어 준 기존의 방정식에서 θ에 π를 대입하여

$f(\pi) = (i \cos \pi)^2/2 + (i \cos \pi)^4/4 + (i \cos \pi)^8/8 + (i \cos \pi)^{16}/16 + \cdots$

라고 적은 다음 부분적인 해를 적는다.

$f(\pi) = -1/2 + 1/4 + 1/8 + 1/16 + \cdots$

그러나 아들은 정곡을 찌르는 말을 던진다.

"그건 정확한 답이 아니에요. 이 수열의 합이 무엇인지 구해야 해요."

다행히도 그 남자는 어디선가 이 무한수열의 합과 비슷한 것을 보았던 기억을 떠올린다. 언제였을까? 제논의 역설에 관하여 읽었

던 것을 떠올린다.*

고대 그리스의 철학자인 제논은 경주장에서 뛰는 달리기 선수를 가정한 뒤에 첫째로 달리기 선수가 결승선으로 가는 길의 절반을 달린 다음 남은 거리의 절반을(1/4) 달리고 또 남은 거리의 절반을(1/8) 달리는 과정을 계속 진행했는데 달리기 선수가 무한한 과정을 거쳐야 한다는 것을 생각하면 달리기 선수는 경주를 끝마치지 못한다고 주장하였다.

하지만 제논의 주장에는 결함이 있다. 그리스의 철학자는 달리기 선수가 무한한 경주로의 부분들을 지나가야 할 경우, 각 부분을 지나는 데 걸리는 시간을 더하면 무한한 시간이 걸릴 것이라는 점을 암시했다. 하지만 제논은 분수로 된 무한수열이 0으로 빠르게 줄어든다면 그 무한수열의 총합이 유한할 수 있다는 것을 몰랐다. 실제로 달리기 선수가 건너야 하는 총 경주로 길이의 합은 $(1/2 + 1/4 + 1/8 + \cdots) = 1$이고 무한대가 아니다. 그 남성은 제논의 역설을 떠올리며 어떻게 1단위길이를 변으로 가지는 정사각형을 지속적으로 절반으로 나누어 총합이 1이 될 수 있는지 알 수

* 3장에서 언급한 무한대의 퍼즐의 주인공인 제논은 약 2500여 년 동안 논쟁을 불러일으킨 여러 역설들을 제시하였다. 수학자들과 철학자들은 이 역설들이 너무 단순하거나 잘못된 전제로 발생하는 것이며, 진정 역설적인 것은 아니라고 보았다. 그러나 다른 이들은 역설의 해답이라고 알려진 것들이 그저 그 문제를 얼버무리고 넘어간 것에 불과하다고 주장했다. 어떠한 경우든 제논의 수수께끼를 해결할 수 있는 방법에 대한 보편적인 방식이 존재하지 않았다는 것을 볼 때, 제논의 역설이 사람들을 당혹스럽게 만들고 있었다는 것은 명확해 보인다.

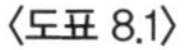

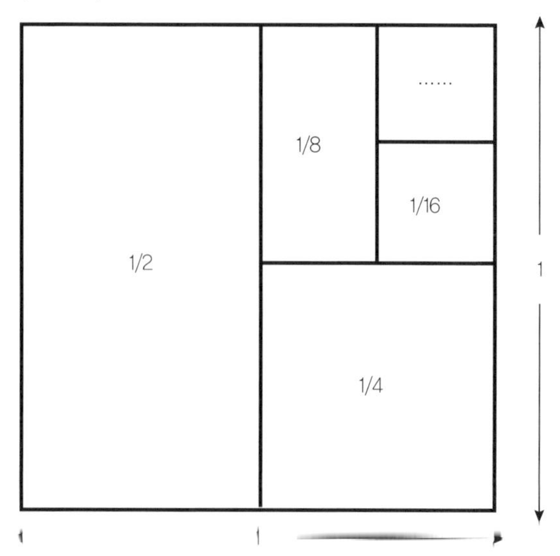

있었다(〈도표 8.1〉).

사각형의 넓이는 밑변의 길이에 높이를 곱한 것과 같고 정사각형은 모든 변의 길이가 1이기 때문에 이 정사각형의 넓이는 1단위면적이다. 이제 그 면적의 절반에 나머지 면적의 절반(1/4)을 더하고 또 나머지 면적의 절반(1/8)을 더하는 식으로 숫자를 더하면 정사각형의 모든 면적이 점차적으로 채워져 나가는 것을 볼 수 있다. 실제로 더 많은 절반들을 더해 정사각형의 면적과 부분들의 합의 차이를 원하는 만큼 작게 만들 수 있다. 이를 달리 말하면, 그 두 값의 차이를 한없이 0에 가깝도록 만들 수 있고, 무한수열의 합이 1과 같다는 것을 의미한다.

이것은 1/2 + 1/4 + 1/8 …을 무한히 진행하면 1이 된다는 것을 뜻한다(만약 달리기 선수가 같은 속도로 달릴 때 경기장 한 바퀴를 달리는데 x분이 걸린다면 무한한 분수의 거리들의 합은 결국 경기장 한 바퀴로, 그만큼 달리는 데 걸리는 시간 또한 x분이라는 것을 뜻한다.).

이제 모든 사람들이 볼 수 있도록 종이에 사각형을 다시 만들어 보자. 이 정사각형을 무한히 절반으로 나누어 더한 면적은 정사각형 전체 면적인 1과 같다. 즉, 1/2 + 1/4 + 1/8 + … = 1이다.

이 방정식의 양변에 −1을 더하면 −1 + 1/2 + 1/4 + 1/8 + … = −1 + 1 = 0이 된다. 그리고 좌변의 −1 + 1/2는 −1/2이고 우변의 −1 + 1은 0이 되기 때문에 방정식을 다시 작성하면 다음과 같이 된다.

$$-1/2 + 1/4 + 1/8 + \cdots = 0$$

이전에 $f(\pi)$가 무한한 분수의 합이라는 것을 기억해 보면,

$$f(\pi) = -1/2 + 1/4 + 1/8 + \cdots$$

이며, 이 무한수열의 합은 우리가 0이라고 증명했던 것과 같은 수열이다. 다시 말해 $f(\pi)$는 합이 0인 무한수열이다. 따라서 아들이 낸 문제의 답은 $f(\pi) = 0$이다.

"자 여기 답이 있어, 아들아. 증명 끝. 네 말처럼 그렇게 어렵지 않은걸."

9장

모든 것을 하나로 조합해 보자

E U L E R ' S   E Q U A T I O N

$$\begin{aligned} e^{i\theta} &= \cos\theta + i\sin\theta \\ &= e^{i\pi} + 1 \\ &= 0 \end{aligned}$$

오일러가 삼각법과 허수의 지수 사이의 놀라운 연관성을 발견하기는 했지만 그것이 삼각법과 허수 사이에서 발견된 첫 연결 고리는 아니었다. 1700년대 초반 프랑스의 수학자인 아브라암 드 무아브르Abraham de Moivre는 '드 무아브르 공식'으로 알려진 이 방정식의 변형을 유도함으로써 두 수학 주제 사이에 연결 고리를 만들었다(물론 그는 아래의 공식을 쓰지는 않았다.).

$$(\cos\theta + i\sin\theta)^n = \cos(n\theta) + i\sin(n\theta)$$

여기에서 n은 정수를 나타내고 θ는 라디안 단위의 각도를 나타낸다. $n\theta$는 θ를 n번 곱한 값을 뜻하고 $i\sin(\theta)$는 $\sin(\theta)$에 i번 곱한 것을 의미한다.

드 무아브르 공식은 어려워 보일 수 있다. 하지만 이해하기에 그리 어렵지는 않다. 주어진 방정식 2단계의 과정을 거치는 함수라고 생각해 보자. 우선 양변에서 n에 해당하는 정수를 정하고 두 함수의 θ에 특정한 각도 값을 대입한다. 방정식의 등호를 통해 모든 θ값을 대입했을 때 좌변의 값과 우변의 값이 서로 같아야 한다는 것을 알 수 있다.

$n = 2$와 $\theta = \pi/2$라디안을 대입하여 공식이 주장하는 것처럼 양변이 같은 값을 나타내는지 확인해 보자(양변의 값이 다르다면 많은 수학책들이 수정되어야 할 것이다.).

우선 좌변을 살펴보자.

$(\cos \pi/2 + i \sin \pi/2)^2 = (0 + (i \times 1))^2$

[$\cos \pi/2 = 0$과 $\sin \pi/2 = 1$을 사용]

$= i^2$

$= -1$

우변을 살펴보자.

$\cos(2 \times \pi/2) + i \sin(2 \times \pi/2) = \cos \pi + i \sin \pi$

$= -1 + (i \times 0)$

$= -1$

매우 제한된 증거를 토대로 드 무아브르의 공식이 성립되는 것을 알 수 있다('부록 1'에서 이 공식의 증명을 볼 수 있다.). 드 무아브르는 자신의 이름을 딴 공식 이외에도 여러 가지 수학적 발전에 기여한 것으로 인정받았다. 그는 도박꾼들과 상담하던 중 확률론의 중요한 개념을 발견하기도 했지만 돈을 벌지는 못했다. 그와 동시대에 활동했던 라이프니츠와 같은 동료들이 대학의 교직을 구할 수 있

드 무아브르 © wordpress.com

도록 그를 도왔지만 그는 결국 수학 개인 교사로서 평생을 가난하게 살았다. 또한 신교도였던 드 무아브르는 루이 14세 치하의 신교도 핍박을 피해 20세의 나이에 런던으로 망명하여 영국에서 여생을 보냈다.

드 무아브르는 노년기에 이르러 자신의 수면 시간이 매일 15분씩 늘어나고 있으며, 그런 식으로 수면 시간이 점점 길어지다가 24시간이 되면 죽게 될 것이라고 추측했다. 수학자로서 자신이 24시간을 자게 되는 날이 언제인지 아는 것은 어렵지 않았다. 그의 예측은 옳은 것으로 증명되었다.

드 무아브르 공식은 다양한 수학 분야에서 도구로 사용된다. 그렇지만 수많은 질문에 대하여 답할 수 있는 완전한 잠재력은 연결 고리를 만드는 능력이 탁월했던 오일러가 드 무아브르와는 독립적으로 1700년대 중반에 이 공식을 발견하기 전까지는 분명하게 드러나지 않았다. 오일러가 찾아낸 결과 중 흥미로운 것 하나는 삼각 함수를 무한한 변수 수열의 합으로 나타낼 수 있다는 점이었다. 연속적으로 θ의 지수가 점점 더 커지는 수열의 합으로 이루어진 함수는 짝수 및 홀수에 기반을 두어 단순하고 규칙적인 유형들을 만들어 낸다. 한번 살펴보도록 하자.

$$\cos\theta = 1 - \theta^2/2! + \theta^4/4! - \theta^6/6! + \theta^8/8! + \cdots$$
$$\sin\theta = \theta - \theta^3/3! + \theta^5/5! - \theta^7/7! + \theta^9/9! + \cdots$$

두 방정식에서 ! 기호는 '팩토리얼'이라고 하며, 계승(階乘, 1에서 n까지의 모든 자연수의 곱)을 나타낸다.

!은 '해당 숫자와 같거나 작은 모든 양의 정수를 곱하는 것'을 뜻한다. 3!은 $1 \times 2 \times 3 = 6$이고 $4! = 1 \times 2 \times 3 \times 4 = 24$이다.

!은 자그마한 숫자까지도 천문학적인 숫자로 만들 만큼 폭발적인 위력을 가지고 있다. 예를 들어 15!은 1조 3천억이 넘는 숫자가 된다. 즉, 위의 두 방정식에서 분모에 위치한 숫자들은 매우 빠르게 증가하고 그 항들은 빠르게 0에 가까워진다는 것을 뜻한다.

드 무아브르의 공식에는 허수 i를 사인 함수에 곱한 항이 포함되어 있지만 오일러가 유도한 공식은 오직 실수로만 이루어져 있다. 이것은 오일러가 효과적으로 허수의 땅을 지나 실수의 영역에

서 새로운 결과들을 얻었다는 것을 뜻한다. 오일러가 자신의 공식을 유도하는 과정에서 무한수열의 합을 계산할 때처럼 드 무아브르의 허수 항이 사라지게 되었다. 라이프니츠는 $i^2 = -1$이라는 성질을 이용할 때 계산 중에 허수가 사라질 수 있다는 점 때문에 존재와 비존재 사이에 있는 정체를 파악하기 힘든 작은 생물로 여겼다.

이 방정식을 사용하면 각도기와 자를 사용하여 번거롭게 단위원을 그리고 면의 길이를 재서 삼각 함수의 값을 구하지 않아도 된다. 특정한 각의 코사인 값의 근삿값을 구하려면 우선 첫 번째 방정식의 무한수열의 합의 처음 몇 항에 θ의 값을 대입하여 그 합을 구하면 된다(앞에서 언급한 것과 같이 분모의 !이 매우 빠르게 증가하기 때문에 무한수열의 첫 몇 항만 사용해도 충분히 근삿값을 얻을 수 있다.).

7장에서 38°의 코사인 값을 구한 바 있다. 방정식을 사용한 근삿값이 그에 얼마나 가까운지 확인해 보자. $\cos 38° \approx 0.788$이라는 이 작은 예제는 무한수열의 합이 삼각 함수와 같다는 것을 증명하지는 못하지만 그러한 결론을 지지하는 작은 정황적인 근거로 제시할 수 있을 것이다.

오일러 공식은 단위원 기반의 사인 함수와 코사인 함수를 사용하기 때문에 각도 θ의 단위를 °에서 라디안으로 변환해야 한다. 우리는 180°가 π라디안과 같다는 것을 알고 있으므로 $38° \approx 38/180 \times 3.14$라디안이 된다. 즉, 38°는 약 0.663라디안이다.

라디안 단위의 각을 첫 두 공식에 넣으면 다음과 같은 결과가 나온다.

$$\cos 0.663 = 1 - (0.663)^2/2! + (0.663)^4/4! - (0.663)^6/6! + (0.663)^8/8! + \cdots$$

무한수열에서 첫 다섯 개의 항을 더하면 $\cos 38^\circ \approx \cos 0.663$ 라디안, 즉 0.788이 된다. 계산기로 $\cos 38^\circ$의 값을 구하여 소수점 셋째 자리까지 일치하는 것을 확인하였다.

사인 함수의 변숫값에 0.663을 대입하고 첫 다섯 개의 항을 더하면 다음과 같다.

$$\sin 0.663 = 0.663 - (0.663)^3/3! + (0.663)^5/5! - (0.663)^7/7! + (0.663)^9/9!$$

다섯 개의 항을 더했을 때 $\sin 38^\circ \approx \sin 0.663$ 라디안 $\approx$ 0.616이 되는데 이 역시 계산기로 계산하여 얻은 값과 매우 근사하다.

삼각 함수를 무한수열의 합으로 구성하는 것은 가장 우아한 방정식을 유도하는 과정 중 핵심적인 단계이다. 하지만 무한한 존재에 도달하기 위하여 마지막 한 번의 과정이 더 필요하다. 바로 함수 e^x를 무한수열의 합으로 나타내는 것이다.

오일러가 회전판을 돌리자 e^x가 튀어나왔지만 그전에 이 장에서 윤곽을 그리고 있는 오일러 공식($e^{i\pi}+1=0$)은 그가 일반 방정식의 진실을 증명하는 세 가지 방법 중 하나의 특별한 경우라는 것을 언급하고 넘어가고자 한다. '오일러 공식'이라고 불리기 때문에 종종 사람들을 헷갈리게 만드는 일반 방정식은 다음과 같다.

$$e^{i\theta} = \cos\theta + i\sin\theta$$

(많은 수학 서적들은 이 공식을 기술할 때 θ 대신에 x를 사용한다.)

다음에는 어떻게 이 공식이 유래하게 되었는지 설명하고 다음 장에서는 그 의미를 더욱 확장하고자 한다. 여기에서 설명하는 유도식은 오일러가 사용했던 것으로, 현대 수학 교과서에서 일반적으로 다루고 있는 것과 가장 가까운 식이다. 오일러는 미적분을 알지 못하는 사람들이 이해하기 쉽도록 다른 유도식을 만들기도 했지만, 이것은 매우 특이하여 오히려 이해하기 어렵다. 전체 유도식은 '부록 1'에 수록되어 있다.

오일러가 e^x에서 찾은 무한수열의 합은 다음과 같다. θ를 변수로 사용해도 결과는 동일하므로 우리는 e^θ으로 쓰도록 하겠다.

$$e^\theta = 1 + \theta + \theta^2/2! + \theta^3/3! + \theta^4/4! + \theta^5/5! + \cdots$$

이 무한수열의 합은 상당히 친숙하게 보이는데 앞에서 다루었던 두 삼각 함수의 무한수열의 합에서 −를 +로 바꾼 뒤 두 무한

합을 더하면 오일러가 작성한 e^{θ}의 무한수열의 합을 구할 수 있다. 그리고 여기에서 −를 +로 바꾸는 과정에서 허수가 필요했다는 것을 예상해 볼 수 있다.

오일러는 허수를 지수로 가지는 숫자를 현실적으로 이해하기 위하여 매우 대담한 방법을 사용하였다. 그는 위의 방정식에서 모든 θ에 e^{θ}를 대입하였다. 오일러는 θ에 실수를 대입할 때 방정식이 성립한다는 것을 증명한 후 모든 허수를 대입했을 때에도 방정식이 성립할 것이라고 가정했다. 그는 타당성에 근거하여 이러한 가정을 내렸다. 이렇듯 오일러의 직감적인 행동은 대부분 옳았다.

허수 버전의 θ는 $i\theta$라고 쓰이는데 i에 변수 θ를 곱한 것을 뜻한다. $i\theta$는 모두 실수를 값으로 취하는 변수 θ에 해당하는 허수 변수이다.

그렇게 방정식 우변의 모든 θ를 $i\theta$로 바꾸어 e^{θ}는 $e^{i\theta}$으로 쓰이게 되었다. 대입하고 난 후의 방정식은 다음과 같다.

$$e^{i\theta} = 1 + i\theta + (i\theta)^2/2! + (i\theta)^3/3! + (i\theta)^4/4! + (i\theta)^5/5! + \cdots$$

우변의 무한수열의 합은 8장의 문제에서 본 것과 유사하다는 것을 알 수 있다. 실제로 지수를 고쳐 간략화하는 것이 8장의 문제를 푸는 것보다 더 쉽다.

다시 한번 $i^2 = -1$이라는 사실을 사용하자. 즉, 무한 분수 수열의 합에서 각 항의 분자에 i^2이 사용될 때마다 그것을 −1로 대체

할 수 있다는 것을 뜻한다. 예를 들어 세 번째 분자인 $(i\theta)^2$은 $i\theta \times i\theta$을 뜻하는데 i 와 θ를 재배치하여 $i^2 \times \theta^2$ 또는 $-1 \times \theta^2 = -\theta^2$이라는 것을 알 수 있다(즉, 세 번째 항은 $\theta^2/2!$이 된다.).

비슷하게 네 번째 항의 분자인 $(i\theta)^3$은 $i\theta \times i\theta \times i\theta$ 또는 $i^2 \times i \times \theta^3$이며 $-1 \times i \times \theta^3$이 된다. 곱셈 기호를 생략하면 $-i\theta^3$이 되므로 네 번째 항은 $-i\theta^3/3!$이 된다.

이 과정이 진행되는 양상을 알아보았으므로 다음 여섯 개의 항을 계산해 보도록 하자. 위와 같이 i^2에 -1을 대입하고 -1×-1은 1을 대입할 수 있다. 여섯 개 항의 합은 무엇인가? *

그러한 과정을 통해 이 방정식을 다음과 같이 적을 수 있다.

$$e^{i\theta} = 1 + i\theta - \theta^2/2! - i\theta^3/3! + \theta^4/4! + i\theta^5/5! - \theta^6/6! - i\theta^7/7! + \theta^8/8! + \cdots$$

무한수열의 항들을 보면 n이 홀수일 때에는 $\theta^n/n!$에 i를 곱한 양수와 음수로 반복된다[$(i\theta)1/1! = i\theta$이기 때문에 $i\theta$ 또한 이 분류에 속한다.]. 한편 다른 항들도 비슷하게 양수와 음수가 반복되면서 i가 없이 $\theta^n/n!$의 형태로 이루어져 있다. 무한수열의 합을 이 두 가지 종류대로 분리해 보도록 하자.

---

* 정답: $\theta^4/4!$, $i\theta^5/5!$, $-\theta^6/6!$, $-i\theta^7/7$, $\theta^8/8!$, $-i\theta^9/9!$

$$e^{i\theta} = [1 - \theta^2/2! + \theta^4/4! - \theta^6/6! + \theta^8/8! + \cdots] + [i\theta - i\theta^3/3! + i\theta^5/5! - i\theta^7/7! + \cdots]$$

마지막으로 분배 법칙*의 확장된 버전을 두 번째 그룹에 적용해서 각각의 i를 인수 분해하여 모든 항에 곱해지도록 만들 수 있다. 그렇게 두 번째 그룹의 앞에 i가 곱해지도록 한 뒤 다음과 같이 방정식을 다시 고쳐 보자.

$$e^{i\theta} = [1 - \theta^2/2! + \theta^4/4! - \theta^6/6! + \theta^8/8! + \cdots] + [i\theta - i\theta^3/3! + i\theta^5/5! - i\theta^7/7! + \cdots]$$

오일러 공식의 일반적인 버전을 얻기 위해서는 두 가지 과정이 필요하다. 첫째는 괄호 안의 첫 번째 무한수열의 합이 앞에서 기술한 $\cos\theta$와 같다는 것을 증명하는 것이고, 둘째는 괄호 안의 두 번째 무한수열의 합이 $\sin\theta$와 같다는 것을 증명하는 것이다. 따

---

* 산술의 기본 법칙인 분배 법칙은 보통 $a \times (b+c) = (a \times b) + (a \times c)$로 쓰이고 여기에서 문자들은 단순한 숫자를 나타낼 수도 있지만 숫자로 이루어진 더 복잡한 수식을 나타내기도 한다. 즉, a에 어떤 두 수의 합을 곱하면 그 두 수를 먼저 a에 곱하고 난 뒤 더하는 것과 같다는 것을 뜻한다. 또한 반대로 $(a \times b) + (a \times c) = a \times (b+c)$라고 쓸 수도 있다. 분배 법칙은 항을 늘려도 그대로 적용되는데, 예를 들어 $(2 \times 4) + (2 \times 2) + (2 \times 7) + (2 \times 3) = 2 \times (4+2+7+3)$와 같은 형태이다. 여기에서 오일러는 대담하게 무한한 수의 항에 적용했다.

라서 방정식 우변의 무한수열들을 $\cos\theta$와 $\sin\theta$로 대체하면 다음과 같은 수식을 얻을 수 있다.

$$e^{i\theta} = \cos\theta + i\sin\theta$$

요약하자면 $e^{i\theta} = \cos\theta + i\sin\theta$의 방정식은 $e^{i\theta}$의 무한수열의 합은 $\cos\theta$의 무한수열의 합에 i를 곱한 $\sin\theta$의 무한수열의 합을 더한 것과 같다. 오일러는 무한대의 영역에 숨겨진 오솔길을 통하여 극단적으로 다른 함수로 보이는 방정식의 양변이 사실은 서로 같다는 것을 발견하였다($e^{i\theta}$의 함수에 어떤 θ값을 대입하면 그것은 $\cos\theta + i\sin\theta$에 θ값을 대입한 것과 같다는 것을 뜻한다.).

이제 '세상에서 가장 아름다운 방정식'을 얻는 것은 공원을 산책하는 것만큼이나 쉬운 일이다. 우선 $e^{i\theta} = \cos\theta + i\sin\theta$의 모든 θ에 π를 대입하면 $e^{i\pi} = \cos\pi + i\sin\pi$가 된다.

$\cos\pi = -1$과 $\sin\pi = 0$을 대입하면 $e^{i\pi} = -1$을 얻을 수 있다($i\sin\theta$ 항의 θ에 π를 대입하면 0이 되기 때문에 i를 곱하더라도 여전히 0이 되어 방정식에서 사라지게 된다.).

그 다음 $e^{i\pi} = -1$의 양변에 1을 더하면 $e^{i\pi} + 1 = -1 + 1$이 된다. 그리고 방정식은 $e^{i\pi} + 1 = 0$으로 간략화된다.

10장

오일러 공식의 재해석

EULER'S EQUATION

$$e^{i2\pi} - 1 = 0$$

세월이 흐르면서 사람들은 종종 훌륭한 예술 작품에 새로운 의미를 부여하여 그것에 새로운 생명을 불어넣기도 한다. 수학에서도 이와 비슷한 일들이 일어나는데, 오일러가 세상을 떠난 몇 년 뒤 수학적 재능이 뛰어난 무명의 노르웨이 측량 기사가 오일러 공식에 새로운 빛을 던진 허수에 대한 혁신적인 사고방식을 고안했다.

이 사람은 아마추어 수학자인 캐스퍼 베셀Casper Wessel이었다. 베셀은 변변치 못한 월급으로 항상 경제적으로 어려움을 겪고 있었다. 그의 지인은 그에 대하여 "영리하지만 두뇌 회전이 느리다. 그러나 어떤 것에 관심을 가지면 그것을 완전히 이해할 때까지 쉬지 않는다."라고 묘사했다. 그의 직장 동료는 "그가 더 큰 용기와 확신을 가지고 익숙하지 않은 작업을 했더라면 그는 사회에 더 많이 공헌했을 것이고 그의 생활 수준도 더 윤택했을 것이다."라고 말했다.

덴마크 왕립 학회의 멤버이자 수학자인 요하네스 니콜라우스 테텐스Johannes Nikolaus Tetens가 베셀을 격려하지 않았더라면 베셀이 새로운 아이디어를 발표하지 못했을 것이다. 1797년 테텐스는 학회 회의에서 제자를 대신하여 베셀의 논문을 읽었다. 베셀의 논문 제목은 「분석적 방향 표현에 관하여*On the Analytical Representation of Direction*」였으며, 베셀이 쓴 유일한 수학 논문으로 기하학적 해석으로 이루어져 있었다.

그러나 테텐스는 베셀의 논문에 깊은 관심을 두지 않아 논문이 1799년 덴마크 학회지에 출판되었음에도 거의 한 세기 동안 어둠 속에 묻혀 있었다. 마침내 1895년에 이르러서야 그의 논문은 각국의 언어로 번역되어 1818년에 이미 사망한 베셀이 이 주제를 기하학적으로 해석한 것에 대하여 비로소 인정받게 되었다.

덴마크 학회지에 베셀의 이론이 실린 후 몇 년이 지나 파리의 회계사였던 아마추어 수학자인 장 로베르 아르강Jean Robert Argang이 혁신적인 이론을 발표했지만 그의 아이디어도 역사 속에 묻혀 버렸다. 어떠한 이유에서인지는 몰라도 아르강은 1806년 스스로 출판한 익명의 에세이를 통하여 이 아이디어를 세상에 알리고자 하였고, 그 에세이는 몇몇 독자에게만 영향을 미쳤을 뿐이지만 7년 후 프랑스의 수학자 자크 프랑수아Jacques Français는 이 에세이들을 읽고 그 독창성에 놀라워했다. 약간의 검증 작업을 마친 프랑수아는 아르강의 혁신적인 발견을 세상에 알렸다. 이후 기하학적 해석과 연관된 아르강의 이름이 알려지게 되었다.

기하학적 해석에서는 i 축이라고 부르는 허수의 숫자 축이 따로 존재하는데 이것은 x 축이라고 부르는 실수 위로 수평적으로 교차한다.

이것은 〈도표 10.1〉에서 볼 수 있듯이 xy 평면에서 y 축을 i 축으로 변경한 것처럼 보인다. 〈도표 10.1〉은 허수가 다른 차원에서 왔다고 하는 이유를 적절하게 보여 준다. i 축은 2D 평면에서 두 축 중 하나를 이루고, 평면의 다른 한 축 x 는 우리가 잘 알고 있는 실선으로 이루어져 있다. 이 2D 공간은 복소평면이라 불리고, 복소평면에 놓인 점의 좌표는 실수에 허수가 더해진 복소수로 이루어진다.

수직선이 실수를 1차원 공간의 점(수직선이 1차원)으로 생각하는

〈도표 10.1〉

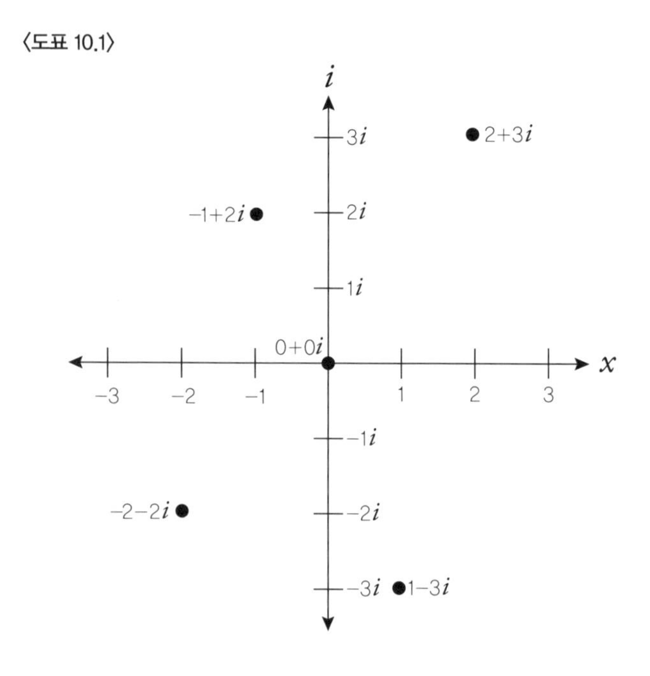

것과 마찬가지로 복소평면을 사용하면 복소수를 2차원 공간의 점으로 도표화할 수 있다.

xy 평면의 점은 좌표라고 부르는 숫자 쌍으로 지정된다. 복소평면의 점 역시 x 축의 실수와 i 축의 허수로 구성되는데, 이는 허수 $(2 + 3i)$, $(1 + (-3i))$ 등 도표에 나타낸 것처럼 두 수의 합으로 나타낸다(두 번째 숫자는 '$1 - 3i$'를 합의 형태로 나타낸 것이다.).

가우스가 19세기 초에 복소수를 작성하는 표준 형식인 '$a + bi$'를 제안한 것으로 알려지고 있지만 몇몇 역사학자들은 허수를 사용하여 수학 연산을 하는 것이 정신적인 고문이라고 여겼던 16세기의 이탈리아의 수학자 카르다노가 이 형식을 제시했다고 보기도 한다.

모든 실수는 허수 부분이 0으로 곱해진 복소수라고 볼 수 있다. 예를 들어, 실수 2는 $2 + 0i$를 간략화한 것이다. 2나 $2 + 0i$ 같은 순수한 실수 복소수들은 허수 부분이 0이라는 것을 뜻한다. 복소수에서 허숫값은 x 축에서 벗어난 거리를 나타내는 것이라고 볼 때 이는 타당하다. 그 거리가 0이라는 것은 허수 부분이 $0i$ 라는 것을 뜻하고 그러한 숫자들은 순수한 실수 복소수로서 x 축 위에 놓인다. 마찬가지로 $2i$ 와 같은 허수들은 실수 부분이 0인 복소수라고 볼 수 있다. 그러한 모든 순수한 허수 복소수들은 복소평면의 i 축 위에 놓인다.

복소수라는 개념은 숫자의 개념을 대규모로 업그레이드하는 계기가 되었다. $2 + 3i$와 같은 복소수는 두 개의 양을 포함하기 때문에 효과적으로 2 같은 실수나 $3i$ 같은 허수보다 두 배의 정보를 가진다. 그것은 복소수가 1차원의 숫자가 다룰 수 없는 것들을 다룰 수 있다는 의미이다. 2와 같은 숫자는 1차원 공간인 선 위에 놓인 점의 위치를 나타내지만 $2 + 3i$ 같은 복소수는 2D 공간 위에 놓인 점의 위치를 나타낼 수 있다.

그렇게 수의 개념이 확장되면서 미터자 위에서 정의되던 숫자가 지도의 세계로 발전하였다(측량 기사였던 베셀이 그러한 아이디어를 가지게 된 것은 우연이 아니다.). 실수는 그동안 직선의 길을 따라 얼마나 왔는지 말해 줄 수 있지만 복소수는 현재 정확하게 어디에 있는지 알려 줄 수 있다.

또한 두 숫자로 이루어진 복소수는 움직이는 물체의 속력과 방향을 동시에 나타낼 때 사용되기도 한다. 어떻게 그런 과정이 이루어지는지 살펴보려면 몇 평 단위의 평지 사진을 찍어 보자. 그 다음 평지의 중앙에서 남동쪽 방향으로 초속 60m의 화살을 쏜다고 상상해 보자. 시위를 떠난 화살의 속력과 방향을 상상하여 1차원 평면 위에 〈도표 10.2〉처럼 나타낼 수 있다.

이 평면에서 활을 쏜 사람이 원점($0 + 0i$)에 서 있다고 가정할 때 x축은 서쪽에서 동쪽(좌에서 우로)을 나타내고 i축은 남쪽에서 북쪽(아래에서 위로)을 나타낸다. 이제 평면의 중심에 서서 $1 + i$ 방향($1 + i$는 북동쪽을 의미한다.)으로 화살표를 그려 보자. 이제 화살표의 길이를 200단위로 만들어 실제 화살의 속력을 길이로 표현할 수 있다.

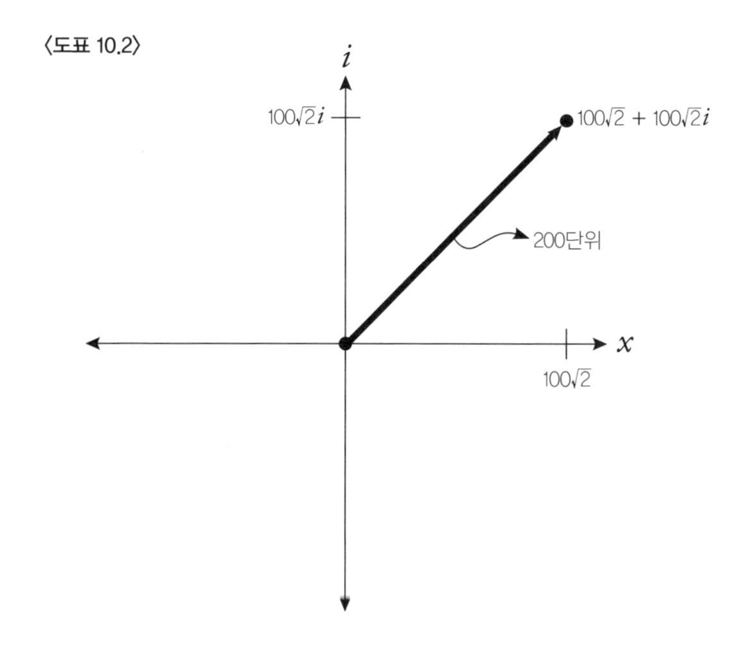

그려 넣은 화살표에 포함되는 모든 정보(실제 화살의 속력과 방향)는 $100\sqrt{2} + 100\sqrt{2}i$ 의 끝에 위치한 복소수로 나타낼 수 있다($100\sqrt{2}$는 2의 제곱근에 100을 곱한 것을 의미한다.). 복소수를 이용하여 화살의 속력과 방향을 알아내려면 자를 사용해서 그 점과 수직으로 만나는 x축 위의 실숫값과 수평으로 만나는 y축 위의 허숫값을 찾으면 된다(예를 들어 원점에서 x축으로 $100\sqrt{2}$만큼 이동한 값과 y축으로 $100\sqrt{2}$만큼 이동한 것은 모두 100×1.414 또는 141.4단위를 나타낸다.). 그런 다음 자를 사용해서 그 점과 원점 사이의 거리를 측정하여 화살의 실제 발사 속도를 알아낼 수 있다. 다른 방법으로는 피타고라스의 정리를 사용하여 원점과 해당 점 사이의 거리를 계산할 수

도 있다.

피타고라스의 정리*는 직각 삼각형의 짧은 두 변의 길이를 제곱한 값이 빗변의 길이의 제곱과 같다고 정의한다(보통 $a^2 + b^2 = c^2$라는 공식을 기억할 것이다. 여기에서 a, b, c는 직각 삼각형들의 변의 길이를 나타낸다.). 여기에서 오른쪽 삼각형은 직각의 양변의 길이가 $100\sqrt{2}$이고 화살표는 빗변에 해당하므로 피타고라스의 정리에 따라 $(100\sqrt{2})^2 + (100\sqrt{2})^2$은 빗변의 제곱과 같다는 것을 알 수 있다.

방정식을 정리하고 용어를 정리하면 $(100 \times 100 \times \sqrt{2} \times \sqrt{2}) + (100 \times 100 \times \sqrt{2} \times \sqrt{2}) = H^2$이다($H$는 빗변의 길이를 말한다.).

$\sqrt{2} \times \sqrt{2} = 2$이고 방정식의 항을 다시 정리하면

$H^2 = (2 \times 100^2) + (2 \times 100^2) = 2 \times (2 \times 100^2) = (2 \times 100)^2$이므로 $H^2 = 200^2$, 즉 $H = 200$이라는 것을 알 수 있다.

여기에서 이끌어 낼 수 있는 결론은 도표상의 화살표 길이가 그 끝점과 관련된 복소수와 동일한 정보를 나타내는 것으로 생각할 수 있다는 사실이다. 따라서 화살표와 관련된 복소수가 시각화된 것이라고 볼 수 있다. 이것이 베셀이 주장했던 기하학적 해석의 주요한 요소였다.

그렇다면 이 복소수 체계가 오일러 스스로도 분명하게 인식하

* 피타고라스의 정리는 1939년 영화 「오즈의 마법사」에서 언급되었지만 수학 교사들은 그 내용에 동의하지 않을 것이다. 마법사에게 학위를 수여 받은 허수아비는 자신의 새로운 뇌의 기능을 보여 주기 위해 모순되고 엉망진창인 버전의 피타고라스의 정리를 소리쳤다.

지 못했던 오일러 공식의 정확한 결과와 영향을 이끌어 내는 데 사용되는지 살펴보자.

복소수를 벡터로 생각한다면 두 부분으로 구성된 숫자 개념을 2차원의 기하학 용어로 변환하여 추상적인 것을 보인다고 이해할 수 있다(특히 양궁을 좋아하는 사람에게 위의 예제가 흥미로웠기를 바란다.). 그러한 시각화 기능을 사용하여 복소수의 기본 연산을 제대로 쉽게 수행할 수 있고, 우리의 뇌가 추상적인 개념을 자연스럽게 처리할 수 있는 구체적인 이미지로 변환할 수 있다.

1800년대 중반 아일랜드의 수학자인 윌리엄 로언 해밀턴William Rowan Hamilton은 '쿼터니언(quaternion)'이라고 불리는 4차원 수를 도입하고, 계산 방법을 연구함으로써 숫자의 개념을 더욱 확장하였다. 쿼터니언은 오늘날 컴퓨터 그래픽에서부터 항공기의 내비게이션 시스템에 이르기까지 많은 분야에서 사용되고 있다.

물리학자들도 다차원 수를 사용하는데, 아인슈타인은 우주가 4차원 구조라고 보았고(공간을 나타내는 3차원과 시간의 차원) 기초 입자의 특성을 모델링하기 위해 양자 물리학자들은 무한한 차원의 공간들을 사용한다.

단어를 사용하지 않고 자서전을 써 보라고 한다면 4차원 숫자를 벡터로 생각하는 것이 도움이 될 수 있다. 우선 오늘까지의 삶을 4D 공간의 벡터로 간략하게 설명할 수 있다. 조금 임의적이기는 하지만 지구를 기준 틀로 둔다면, 이 4D 공간의 벡터는 당신이 태어난 시간과 위치를 나타낼 수 있다(출생부터 지금까지의 총 시간을 초 단위로 표시할 수 있을 것이고 위치는 위도, 경도, 고도를 숫자로 나타낼 수 있다.). 또한 지금 당신이 있는 위치와 시간을 4D 벡터로 나타낼 수 있다.

4D 벡터를 그리는 방법은 출생과 현재의 두 점을 (a, b, c, d)의 형태로 나타내어 이을 수 있다. (a, b, c, d)는 위치와 시간을 나타내는 숫자이다. 물론 이 방법은 삶의 모든 굴곡들을 무시하고 매우 적은 내용만을 가지고 있다.

위에서 제시한 것처럼 복소수를 벡터로 나타내면 복소수의 덧셈과 곱셈, 다른 연산들을 기하학적인 방법으로 표현할 수 있다. 이와 같은 기하학적 계산법을 처음으로 연구한 것 역시 베셀이었다.

여기에서 복소수 덧셈의 기하학적 해석을 살펴보자. 벡터를 사용한 복소수의 연산을 살펴보기 전에 벡터를 사용하지 않고 복소수를 더하는 방법을 먼저 알아보도록 하자. 이탈리아의 수학자 봄벨리는 기하학적 해석을 적용하기 이전인 1500년대에 이 규칙을 고안했다.

이 규칙은 실수와 허수부를 각각 따로 더하여 두 개의 복소수를 더하는 매우 단순한 방법이다.

예를 들어 복소수 $(3 + i)$와 $(-1 + 2i)$를 더해 보자.

$$(3 + 1i) + (-1 + 2i) = (3 + (-1)) + (1i + 2i) = 2 + 3i$$

복소수를 더하는 기하학적 규칙은 두 벡터를 사용하여 평행사

〈도표 10.3〉

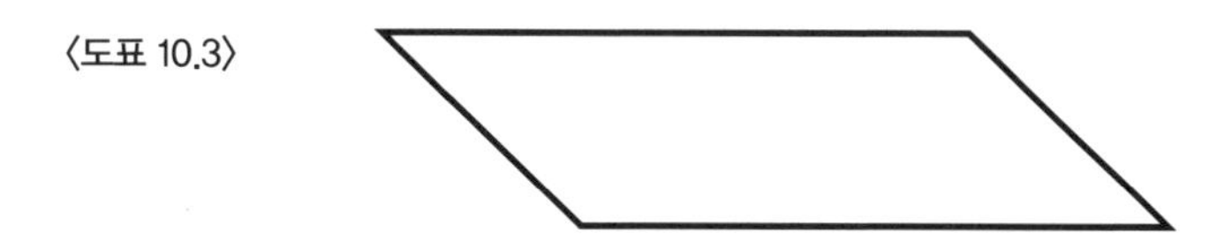

변형의 평행하지 않은 두 변으로 두는 것이다. 평행사변형은 〈도표 10.3〉처럼 평행하는 대변들을 가지는 사면체이다.

두 벡터를 더하기 위하여 평행사변형을 그려 그 평행사변형의 대각선이 되는 세 번째 벡터를 효과적으로 정의할 수 있는데, 이것이 두 벡터의 합을 나타낸다.

이 설명을 확인하기 위하여 〈도표 10.4〉를 살펴보자.

〈도표 10.4〉

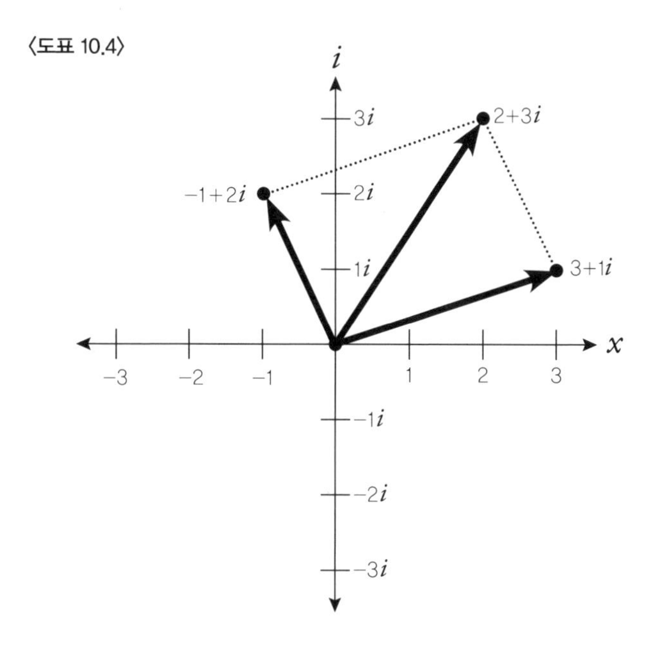

〈도표 10.4〉는 이전에 산술적으로 더했던 두 복소수 '$3 + 1i$'와 $-1 + 2i$의 합을 기하학적으로 나타낸 것이다. 평행사변형의 대각선으로 그려진 벡터의 합($2 + 3i$를 나타내는 화살표 벡터)은 두 복소수를 산술적으로 더해서 생성되는 복소수를 나타낸다.

이 책은 수학 교과서가 아니므로 벡터를 기반으로 하는 수학의 모든 규칙들을 다루지는 않을 것이다. 그렇지만 벡터의 합과 연산의 합은 언제나 같은 값을 나타낸다는 점에 주목해 보자. $3 + 1i$에 $-1 + 2i$를 더했을 때 평행사변형과 같은 결과를 얻게 된다는 기하학적 계산법과 비-기하학적 계산법의 일관성이 매우 중요하다. 벡터를 기반으로 한 계산 결과가 달랐다면 기하학적 해석은 러시아 원본과 영어 번역본이 일치하지 않아 말이 많은『전쟁과 평화*War and Peace*』처럼 논란에 시달려야 했을 것이다. 수학에서는 복잡하고 상호 연결된 논리의 탑이 모순으로 무너지는 것을 방지하기 위하여 결과의 일관성을 엄격하게 유지하는 것을 매우 중요시한다.

벡터의 덧셈은 매력적으로 보인다. 특히 이 방법은 복소수의 합을 두 힘이 동시에 작용하기 때문에 움직이는 물체의 궤도로 시각화해서 나타낸다(시각화에서 사용된 힘들은 서로 더해지는 벡터를 뜻하고 궤도는 그 벡터의 합을 나타낸다.).

하지만 벡터 수학의 곱셈은 기하학적 해석 가운데 가장 기발하고 유익한 발견이라고 할 수 있다. 중요한 곱셈의 예제를 중점으로 다루되 문제를 단순하게 바라보도록 하자. 그것은 $0 + i$를 다른 복소수에 곱하는 것이다. 그 다음에는 오직 실수만을 사용하는 예제로 넘어갈 것이다. 이것은 −1을 곱하는 것을 기하학적으로 해석하는 방법이다.

우리는 숫자를 실수의 선 위에 있는 점으로 생각하는 방법에 익숙해져 있기 때문에 그 선을 따라 벡터를 화살표로 그리는 일은 어렵지 않다.

따라서 〈도표 10.5〉에서 보는 것처럼 숫자 4는 0에서 오른쪽으로 4단위길이만큼 확장되는 화살표로 나타낼 수 있다(이 화살표는 앞에서 정의한 벡터와 비슷해 보이지만 실제로는 다르다. 복소평면이 2D 공간이기 때문에 복소평면의 벡터 역시 2D이다. 그리고 실수의 선은 1D 공간이기 때문에 4를 가리키는 화살표는 1D이다.).

〈도표 10.5〉

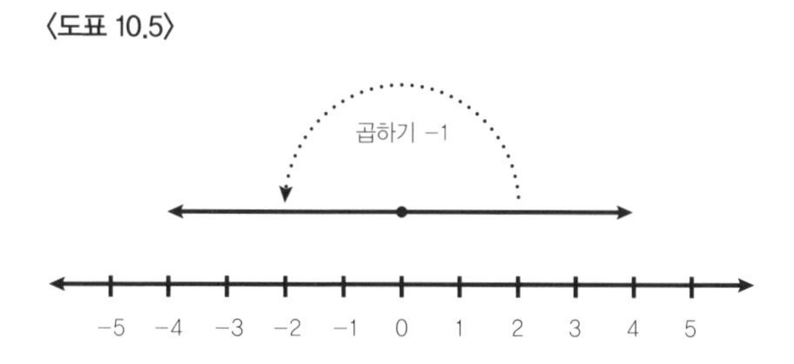

−1 × 4 = −4라는 것을 알고 있다. 다음의 작업을 통해 그러한 곱셈의 개념을 깔끔하게 기하학적 용어로 변환할 수 있다. −1과 4

를 곱하면 4를 나타내는 화살표가 180° 회전하여 방향이 반대로 바뀌게 되고 그 화살표는 −4를 나타낸다.

임의의 실수에 −1을 곱하는 것은 그 실수를 나타내는 화살표를 180°만큼 회전시킨 것으로 생각할 수 있다.* 예를 들어 −5에 −1을 곱하면 0의 좌측 방향으로 5길이만큼 뻗은 화살표를 180° 회전시켜 0의 오른쪽을 가리키도록 만드는 것으로, 이 새로운 화살표는 5를 나타낸다('−1 곱하기'는 회전 연산자로 작용하며 항상 '내 적의 적은 친구이다' 또는 '음수에 음수를 곱하면 양수가 된다' 법칙이 성립한다.).

이제 이 1차원 숫자 선의 회전에 대한 규칙이 2차원 복소평면에서는 어떻게 작용할지 추론해 보자. 우선 '$-1 + 0i$' 또는 '−1'을 복소수에 곱하는 것을 그 복소수 벡터를 시계 반대 방향으로 180° 회전하는 것이라고 가정해 보자(이때 원점은 회전축의 역할을 한다.). 이 '−1 곱하기' 회전 규칙의 결과가 제대로 나온다면 벡터를 사용하지 않고 복소수를 곱해도 같은 결과를 얻어야 한다.

이제 그 결과가 같은지 살펴보자.

---

* 아직 눈치채지 못한 독자들도 있을 수 있지만 1D 벡터를 180° 회전한다는 아이디어는 조금 이상하다. 1차원에서 선을 회전시키는 것을 상상해 보자. 시계 방향이든 시계 반대 방향이든 선을 회전하면 1차원 선의 공간을 떠나 2차원 공간에 들어갔다가 1차원 공간으로 다시 돌아오게 된다. 그렇기 때문에 1차원 벡터를 180° 회전한다는 것은 3차원 우주선이 4차원 공간에서 반대로 회전하는 것과 같다. 이것은 공상 과학 소설 같은 개념이지만 그럼에도 −1로 곱하는 연산자를 기하학적으로 이해하는 데 큰 도움이 된다.

i에 –1을 곱하면 방정식의 형태로 $-1 \times i = -i$가 된다. 만약 복소수 형태로 적는다면 $(-1 + 0i) \times (0 + i) = 0 - i$가 된다.

〈도표 10.6〉은 벡터 버전의 기하학적 설명을 나타낸 것이다. '–1을 곱하는(복소수 형태로는 '$-1 + 0i$'를 곱하는 것과 같다.)' 연산은 순환 규칙에 따라 $0 + i$를 시계 반대 방향으로 180° 회전하는 것이다. 그 결과 $0 - i$를 나타내는 벡터를 얻는다. 따라서 복소수의 곱셈의 기하학적 결과는 산술적 결과와 같다.

〈도표 10.6〉

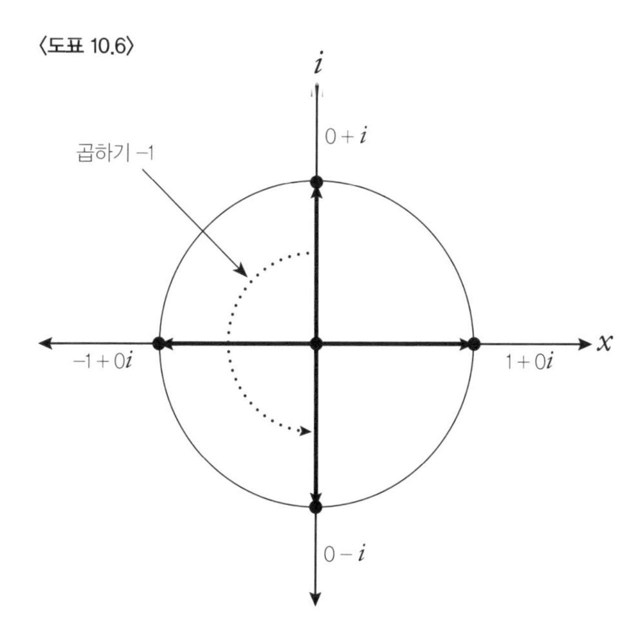

이 한 가지 예만으로 많은 것을 증명할 수는 없지만, 기본적으

로 복소수 곱셈은 벡터 회전으로 해석하는 것이 올바른 방향이라는 사실을 알 수 있다. 그리고 더 나아가 기하학적인 관점에서 'i를 곱하여' 벡터 회전을 해석하는 것이 의미가 있다. 이러한 관점에서 $i^2 = -1$을 어떻게 해석해야 하는지 살펴보자.

$i \times i = -1$이기 때문에 $(0 + i) \times (0 + i) = -1 + 0i$ ('$(0 + i) \times$'은 'i 곱하기'와 같은 의미를 가진다.)이다. 이 방정식을 통하여 알 수 있는 사실은 $0 + i$에 'i 곱하기'를 수행하면 $-1 + 0i$가 된다는 것이다. 이는 'i 곱하기'가 기하학적으로는 '시계 반대 방향으로 90° 회전'으로 해석된다는 것을 의미한다.

도표에서 확인해 보자. $0 + i$를 시계 반대 방향으로 90° 회전하면 $-1 + 0i$가 된다.

〈도표 10.7〉

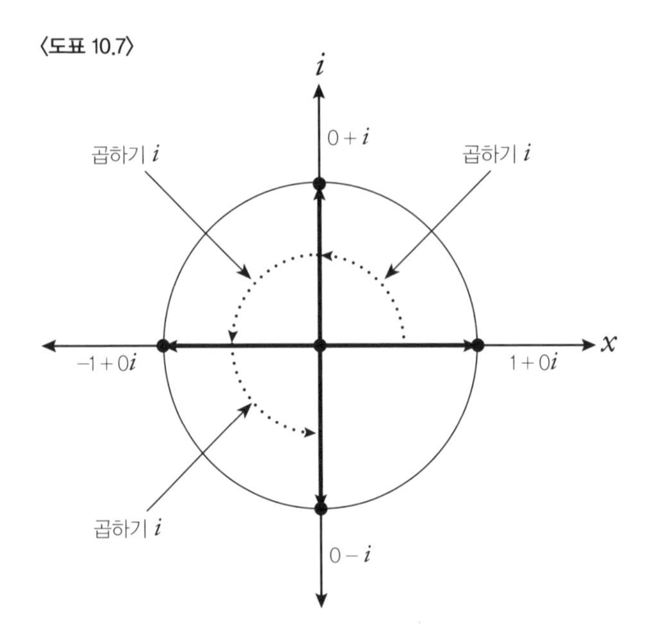

그런데 'i 곱하기'가 항상 벡터를 90° 회전하는 것이라고 했을 때 벡터를 기반으로 계산한 결과와 연산을 기반으로 계산한 결과가 같을까? 이것이 항상 사실이라는 것을 증명하거나 더 많은 예를 제시할 필요 없이 그 결과는 항상 같다. 하지만 90° 회전이 매력적으로 느껴질 수밖에 없는 다른 예를 언급하고 넘어가도록 하겠다. 그것은 i^3, 즉 i 세제곱의 경우이다.

i^3은 i를 세 번 회전한 것이므로 $i \times i \times i \times 1$이라고 적을 수 있다. 이 곱셈은 1의 벡터($1 + 0i$)를 세 번 시계 반대 방향으로 90° 회전하게 된다. 1에 i^3을 곱하면 여섯 시 방향을 가리키는 벡터($0 - i$ 또는 $-i$)가 된다. 우리가 이미 알고 있는 답($i^3 = i \times i \times i = i^2 \times i = -1 \times i = -i$)과 같다.

〈도표 10.7〉은 벡터 버전의 3단 회전에 대한 기하학적 설명이다.

'i 곱하기'라는 곱셈 연산자는 복소평면에서 시계 반대 방향으로 90° 회전하는 것이다. 이 책에서 설명하는 내용은 베셀이 기하학적 해석을 처음 개발했을 때의 방법과는 다르지만 여전히 동일한 90° 회전 연산자로 이어진다. 기하학적 해석에서 가장 중요한 것 중의 하나가 바로 이 곱셈과 벡터 회전의 연관성이었고, 이것을 통해 허수를 회전 운동과 연결 지을 수 있게 되었다. 이러한 연결고리는 매우 중요하다.

우리는 오일러 공식($e^{i\pi} + 1 = 0$ 또는 $e^{i\pi} = -1$)을 벡터 수학으로 변환하여 흥미롭고 새로운 사실이 드러나는 것을 살펴보는 과정에 필요한 기하학적 해석을 배웠다. 1, −1, 0 같은 상수를 벡터로 나타내면, 1은 $1 + 0i$이고 −1은 $-1 + 0i$이며 0은 복소수 평면에서 매우 짧은 벡터인 $0 + 0i$, 즉 원점이다. 또한 오일러 공식에서 사용된 '+'를 벡터 합으로 이해하는 방법(평행사변형 규칙)도 다루었다.

하지만 오일러 공식을 기하학적 용어로 해석하기 위해서는 아직 해결하지 못한 더 어려운 과제가 남아 있다. 그것은 허수를 지수로 가지는 실수를 벡터로 표현하는 방법이다. 더 구체적으로 말하자면 $e^{i\pi}$을 벡터 식으로 표현하는 방법이다.

우리는 벡터 수학에서 허수를 지수로 가지는 것이 무엇을 의미하는지에 대한 중요한 단서를 얻었다. e를 허수만큼 제공함으로

〈도표 10.8〉

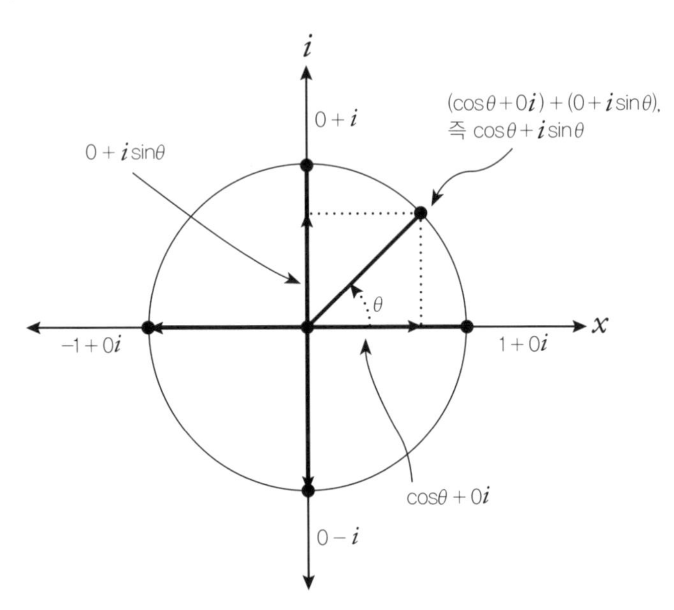

써 얻는 값은 $e^{i\theta} = \cos\theta + i\sin\theta$와 같다(이 방정식은 오일러가 세 가지 비기하학적 유도식을 통해 확인한 사실이다.). 즉, $e^{i\theta}$을 나타내는 벡터는 $\cos\theta + i\sin\theta$를 나타내는 벡터와 같아야 한다는 것을 뜻한다. 라디안으로 표현되는 모든 θ 값에 대해 이 등식이 성립하기 때문에 그 벡터의 표현식 또한 같아야 하기 때문이다.

$\cos\theta + i\sin\theta$를 벡터를 사용한 시각 언어로 번역하는 방법을 찾을 수 있다면 $e^{i\theta}$도 시각적으로 번역될 수 있다는 것을 뜻한다. 우리는 앞에서 이 문제를 해결하는 데 필요한 대부분의 개념들을 다루었다.

〈도표 10.8〉은 7장에서 사용했던 도표를 다시 작성해서 이미 알고 있는 삼각법을 지금의 문제에 적용하는 방법을 나타낸 것이다. 〈도표 10.8〉은 실수로만 이루어진 복소수인 $\cos\theta + 0i$를 나타내는 벡터($\cos\theta$는 실수이다.)에 $\sin\theta$에 i를 곱한 벡터(허수로만 이루어진 벡터)*를 평행사변형을 사용한 벡터의 합의 법칙으로 더하는 과정을 나타낸다(이 경우 평행사변형의 평행하지 않은 두 변은 직각으로 만나 직사각형을 이룬다.).

* $\cos\theta$처럼 θ의 사인 값 또는 $\sin\theta$는 실수이다. 따라서 $\sin\theta$를 나타내는 벡터는 모든 실수로만 이루어진 복소수의 벡터와 마찬가지로 복소평면에서 x 축 위에 위치한다. 그러나 이 장의 앞부분에서 보았듯이 복소수에 i를 곱하게 되면 그 벡터를 시계 반대 방향으로 90° 회전시키게 된다. 따라서 $\sin\theta$에 i를 곱하면 효과적으로 시계 반대 방향으로 90° 회전한다. 그러므로 $\sin\theta$에 i를 곱하면 x 축에 위치한 벡터가 i 축 방향으로 90° 회전한다. 즉, $i\sin\theta$는 i 축 위에 놓인다.

벡터의 합은 복소수 $\cos\theta + i\sin\theta$를 나타내며, 복소수를 산술적으로 더한 값과 일치한다.

$$(\cos\theta + 0i) + (0 + i\sin\theta) = (\cos\theta + 0) + (0i + i\sin\theta)$$
$$= \cos\theta + i\sin\theta$$

〈도표 10.8〉에서 볼 수 있는 것처럼 $\cos\theta + i\sin\theta$의 벡터는 7장에서 만들었던 좌표계와 매우 유사하다. 좌표계 끝점의 좌표 쌍이 $(\cos\theta, \sin\theta)$라는 것을 상기해 보면 $\cos\theta + i\sin\theta$가 좌표 쌍을 복소평면에 나타낸 것과 같다는 것을 알 수 있을 것이다. 단위원을 기반으로 한 삼각 함수의 정의에 따라 복소수 $\cos\theta + i\sin\theta$와 연관된 좌표인 $(\cos\theta, \sin\theta)$는 항상 i축으로부터 수평으로 $\cos\theta$ 거리만큼, x축으로부터 수직으로 $\sin\theta$ 거리만큼 있다.

7장에서 다루었던 개념 중 $\cos\theta + i\sin\theta$가 일종의 각도 회전 도구라면 7장의 좌표계처럼 $\cos\theta + i\sin\theta$의 θ 값에 라디안으로 나타낸 각도를 대입했을 때 좌표계가 작동하면서 세 시 위치에서 그 각도만큼 시계 반대 방향으로 회전한다고 볼 수 있다.

$e^{i\theta}$의 기하학적 해석에 이제 막 도착한 셈이므로 아직 도표를 보지 말자(사실 〈도표 10.9〉를 봐도 좋다.). 기하학적으로 볼 때 $e^{i\theta}$은 복소평면의 단위원 내에서 벡터를 θ 각도만큼 회전시키는 도구라고 해석될 수 있다.

$e^{i\theta}$의 기하학적 해석은 간결하고 편리하게 나타낼 수 있는 각도

〈도표 10.9〉

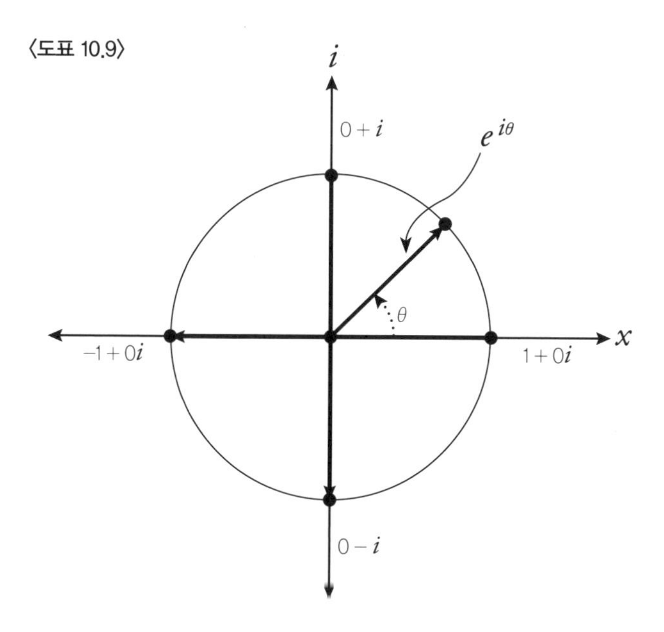

회전 방법이다. 도표를 보면 삼각 함수가 더 이상 사용되지 않는 것을 볼 수 있다.

이제 $\pi/2$를 $e^{i\theta}$의 θ 값에 대입할 때 어떤 일이 일어나는지 예상해 보자. $\pi/2$라디안은 90°와 같기 때문에 $e^{i\pi/2}$의 벡터 해석은 세 시에서 열두 시 방향으로 90° 회전하는 것을 뜻한다. 즉, 복소수 $0 + i$를 나타낸다.

이 벡터 연산이 정확한지 확인하기 위하여 $\cos\theta + i\sin\theta$에 $e^{i\theta}$와 같은 $\pi/2$를 대입하여 복소수로 다룰 수 있다. $\cos\pi/2 = 0$이고 $\sin\pi/2 = 1$이므로 $\cos\pi/2 + i\sin\pi/2 = 0 + (i \times 1)$ 또는 $0 + i$가 된다. 예상했던 결과와 같다.

마찬가지로 π 라디안을 $e^{i\theta}$에 대입하면 각도 회전기가 시계 반대 방향으로 180°(π라디안)만큼 회전한다. $e^{i\theta}$ 기반 각도 회전기는 π 라디안만큼 회전한 후 $-1 + 0i$ 에 벡터가 있도록 한다. 복소수의 측면에서 볼 때 $e^{i\pi} = -1 + 0i$ 또는 $e^{i\pi} = -1$이다. 즉, 기하학적인 방법을 통하여 가장 아름다운 방정식에 다다른 것이다.

그렇다면 일반적인 방법으로 표현된 오일러 공식($e^{i\pi} + 1 = 0$)의 기하학적 해석은 어떻게 될까? 이 방정식의 왼쪽을 기하학적으로 해석하면 $e^{i\pi}$의 벡터 $-1 + 0i$를 $1 + 0i$에 더하는 것이고 그 벡터의 합은 원점에서 두 힘에 의해 밀려나는 물체의 궤적이라고 예상해 볼 수 있다(앞서 언급했듯이 평행사변형 규칙을 따라 벡터의 합을 구할 수 있다.). 이 경우 더해지는 두 힘은 서로 반대 방향으로 향하는 동일한 길이의 화살표로 나타내기 때문에 반대되는 두 힘이 상쇄되어 원점에서 움직이지 않게 된다. 물론, 그 원점은 $0 + 0i$이고 방정식의 오른쪽을 복소수로 쓴 값과 같다.

이제 이 장에서 알아가야 할 가장 중요한 메시지가 있다. e를 허수로 제곱한다는 것은 복소평면의 회전 연산자라고 생각할 수 있다. 그러한 기하학적 해석을 'e를 i 곱하기 π로 제곱한다.'는 것을 뜻하는 오일러 공식에 적용해 보면, 이것은 반원 회전을 모형화하는 것을 의미한다.

이제 마지막 장으로 넘어가기 전에 기하학적 해석이 정신적으로 허수를 계산하는 것을 어떻게 쉽게 피해 갈 수 있게 하는지 간단하게 생각해 보자.

앞에서 본 것처럼 $e^{i\theta}$의 θ 값에 $\pi/2$라디안을 대입하면 단위원 안의 세 시 방향에 있는 벡터가 시계 반대 방향으로 90° 회전해서 $e^{i\pi/2} = 0 + i$ 또는 $e^{i\pi/2} = i$가 된다. 기하학적 해석을 통하여 삼각함수를 계산하거나 다른 수학적 방법을 사용하지 않고도 방정식을 풀어냈다는 점에 주목해 보자. 이러한 개념적 효율성은 우리의 머릿속에서 쉽고 간단하게 2D 수량(복소수)을 그려 볼 수 있도록 개선되었기 때문에 가능한 것이다. 이와 같은 효율성 때문에 $e^{i\theta}$는 공학과 과학에서 매우 유용하게 사용되어 왔다.

이제 이 주제의 마지막 변형을 살펴보자. $e^{i\theta}$의 θ 에 2π 라디안을 대입하면 각도 회전기는 $1 + 0i$를 나타내는 세 시에 있는 벡터를 360° 회전시켜 원위치로 돌아오게 한다. 그렇다면 우리는 $e^{i2\pi} = 1 + 0i$라는 것을 알 수 있다. 양변에서 1을 뺀 다음 $0 + 0i = 0$을 대입하면 그 결과는 다음과 같다.

$$e^{i2\pi} - 1 = 0$$

이 방정식은 오일러 공식만큼이나 오랫동안 알려져 왔다. $e^{i\pi} + 1 = 0$은 더 특별한 특징은 없지만 짜 맞추기에 아주 적절한 공식이다. 이 공식 또한 지금까지 다루었던 다섯 가지의 중요한 숫자들을 모두 포함하고 있고, 거기에 근본적으로 매우 낭만적인 숫자 '2'가 추가되어 있다. 극심한 수학 공포증을 겪고 이제 회복 중인 내 아내 앨리샤Alicia의 이름을 따서 이 공식을 앨리샤 공식이라고 부르고 싶다(그녀는 친절하게도 내가 책을 집필할 때 이 책이 수학 공포증

환자들에게 어떤 영향을 미칠지 실험에 참여해 주었다.).

$e^{i\pi}$의 기하학적 해석은 상징적인 잠재성으로 가득하다. 병사들의 뒤로돌아 자세나 발레 댄서의 반 피루엣(pirouette, 한쪽 다리를 지탱하고 서서 안쪽이나 바깥쪽으로 도는 것), 농구 선수의 턴어라운드(turnaround, 드리블을 하다가 몸을 180° 돌리는 것) 점프 슛, 장거리 여행을 떠나는 이가 인사를 하려고 몸을 돌리는 움직임, 여명부터 황혼까지의 태양의 움직임, 여름에서 겨울로 계절이 변하는 것 등 주변에서 180° 회전하는 것들을 수도 없이 찾을 수 있다. 이는 형세를 역전시키거나 운세가 반전이 되거나 누군가의 인생을 뒤바꿔 버리거나 적자에서 흑자로 돌아서거나 후회에서 벗어나 미래를 바라보거나 미운 오리 새끼가 아름다워지거나 가뭄이 가고 비가 내리는 것 등과도 연관 지을 수 있을 것이다. 또한 그림자와 빛, 출생과 죽음, 음과 양과 같이 근본적인 이중성을 가진 성질들과도 연결 지을 수 있다.

수학 역사학자인 에드워드 캐스너Edward Kasner와 제임스 R. 뉴먼James R. Newman은 오일러 공식이 "신비주의자들과 과학자들과 철학자들과 수학자들 모두에게 동등하게 매력적으로 다가간다."라고 평가했다. 또한 오일러 공식은 가장 근본적인 숫자 중 세 개가 합해져서 생기를 불러일으키고 미운 오리 새끼와 댄서들과 변형과 작별을 말한다는 점에서 시적인 사고방식을 가진 이들에게도 매력을 끌 수 있을 것이다.

11장

모든 것의 의미

EULER'S EQUATION

가장 아름다운 방정식

1800년대 초반까지 가우스를 포함한 몇몇의 수학자들은 기하학적으로 복소수를 나타내는 방법을 독립적으로 개발하였다. 이는 수학에서 중요한 발견이다. 그러나 이미 발견된 것을 이해하는 것은 쉬워도 실제로 그것을 발견하는 것은 매우 어려운 일이다. 오일러도 그것을 파악하지 못했다. 오일러는 벡터의 개념을 잘 알고 있었지만 복소수를 벡터로 시각화하여 2D 평면을 사용해서 계산했다는 증거는 없다.

복소수 개념의 중요성을 나타내는 지표 중 하나는 복소수가 오랫동안 허수를 둘러싼 불가능성의 논쟁을 날려 버렸다는 사실이다. 베셀을 비롯한 수학자들은 라이프니츠가 귀신 같은 존재와 비존재 사이의 양서류라고 불렀던 허수들의 자연 서식지인 복소평면을 발견하였다. 복소수를 사용하여 허수를 나타내는 방법을 알게 되자 이전과는 다르게 허수에 존재론적인 중요성이 주어져 우리에게 익숙한 회전 운동과 연관 지을 수 있다는 것이 명백하게 드러났다. 허수가 회전과 관계있다는 사실은 우리가 익숙히 알고 있는 진동 운동과 개념적으로 연결되어 있다는 것을 뜻한다.

마지막으로 이전에 사람들을 헷갈리게 만드는 도깨비불 같았던 허수는 물리학과 공학에서 주기적인 앞뒤 운동(진동) 현상과 관련된 것에 매우 광범위하게 활용되고 있으며, 그 외에도 다양한 방면에 활용된다(그러한 진동 현상 중 하나는 우리 몸이다. 우리 몸은 일주기 리듬을 통하여 매일 진동한다.).

전기 공학의 선구자 격인 찰스 프로테우스 스타인메츠Charles Proteus Steinmetz는 교류(AC)와 연관된 계산에 허수를 사용하였다.* 몸집이 작고 등이 굽었던 그는 젊은 시절 사회주의를 지지한다는 이유로 체포된 이후 고향인 프로이센을 떠나 미국으로 이민했다.

미국에 도착한 지 몇 개월이 지난 후부터 그는 전기와 관련된 기술적 진보를 이루는 일에 앞장섰다. 그는 1892년 새로 설립된 제너럴일렉트릭사에 입사했고 허수를 사용하여 AC 회로를 분석하는 작업을 간략화하는 방법에 대한 주요 논문을 출판하였다.

스타인메츠는 사람들이 주로 꺼리는 동물들을 좋아했다. 그는 자신이 살고 있는 뉴욕의 스키넥터디 맨션에 악어, 방울뱀, 검은과부거미 등 특이한 애완동물들을 키웠다. 그는 또한 이민자 자녀에

* 교류 전류는 매초마다 방향을 여러 차례 뒤집는 전기이므로 앞뒤로 빠르게 진동한다. 교류 전압은 전신주의 금속 상자에 위치한 변압기를 사용하여 쉽게 올리고 내릴 수 있다. 그러한 방법을 통하여 고전압의 전기를 효율적으로 멀리 전달할 수 있고 지역의 변압기를 사용하여 고전압을 가정용으로 사용할 수 있는 안전한 수준으로 내릴 수 있다. 전기에는 교류 외에도 방향의 변화가 없이 배터리에서 흘러오는 종류인 직류도 있는데 모든 곳으로 전기를 보내는 데에는 교류가 더 효율적이기 때문에 교류가 전기를 보급하는 데 사용된다.

대한 특수 교육을 도입하는 것을 정부에 요구하여 교육 발전에 기여하였다.

토머스 에디슨Thomas Edison이 그를 방문했을 때, 에디슨은 거의 귀가 멀어 버린 노년의 발명가 무릎에 모스 부호를 쳐서 대화를 나누기도 했다. 스타인메츠는 노년에 '스키넥터디의 마법사'로 언론에 소개되기도 했는데, 그에게는 '−1의 제곱근에서 전기를 만들어 낸 마법사'라는 더 긴 별명이 붙기도 했다.

제너럴일렉트릭사에서 시간을 보내는 스타인메츠 © gettyimage

오일러의 일반 공식($e^{i\theta} = \cos\theta + i\sin\theta$) 또한 미운 오리 새끼 취급을 받았던 허수가 수학에서 중요한 자리를 차지하는 데 한몫했다. 기하학적 해석이 허수를 새롭게 해석하기 이전에 오일러는 이 공식을 바탕으로 하여 허수의 놀라운 특징 몇 가지를 밝혀냈다. 그중 하나는 i^i인데 이 내용은 '부록 2'에서 다루었다.

함수 $e^{i\theta}$를 벡터 회전기로 해석하는 방법은 회전과 진동을 수학적으로 특히 부드럽게 모델링할 수 있는 길을 열었다. 그러한 지수 함수 모델들은 삼각 함수를 사용하는 것보다 훨씬 더 쉽게 계산할 수 있기 때문에 삼각 함수들을 대체하게 되었다. 앞 장에서 $e^{i\theta}$를 각도 회전기라고 생각해서 머릿속으로 회전각을 계산하는 방식으로 $e^{i\pi/2} = i$를 쉽게 계산했던 것을 기억해 보자. 2장에서 언급한 것처럼 지수 함수 모형은 e^x에 기반한 함수에 미적분을 적용하기 쉽다는 점에서도 계산적으로 이득이라고 할 수 있다.

오늘날 오일러 공식은 즉석 전문 요리사들이 주걱을 사용하는 것처럼 전기 공학자들과 물리학자들에게 기본 도구로 자리 잡았다. 또한 회로 설계 및 분석을 단순화한 것에 머물지 않고 20세기 동안 진행된 전기 발전의 혁신을 가속화하는 데 공헌했다고도 주장할 수 있을 것이다.

오일러 공식은 수학의 다른 영역들 사이에 근본적인 연결 고리를 만들고 응용 수학에서 다양하게 사용되기 때문에 수학 곳곳에서 쉽게 발견된다. 오일러가 죽고 난 뒤에 이 공식은 '복소 해석학(복소수를 변수로 가지는 함수들을 연구하는 수학 분야)'의 초석이라고 여겨졌다.

하지만 오일러 공식의 특별한 경우인 $e^{i\pi} + 1 = 0$은 아름다움 때문에 매우 소중하게 여겨져 왔다. 왜 이 정교한 공식이 시적으로, 회화적으로 뛰어나다고 여겨질까? 이 공식을 아름답다고 여기는 모든 사람들이 동의할 수 있는 답은 존재하지 않을 것이라 생각한다. 몇몇 수학 애호인들은 이 공식을 매우 아름답다거나 흥미롭다고 느끼지 않는다. 우리가 감상하는 대상이 예술 작품이냐 수학 공식이냐 하는 것과는 상관없이 주관성의 논쟁은 언제나 일어날 것이다(그렇기 때문에 나는 '미학'이 무한히 흥미로우면서도 근본적으로 터무니없다고 여긴다.). 하지만 의견이 모순되는 상황에 빠질 위험이 있더라도, 나는 이 공식의 아름다움에 대해서 언급해야 한다고 생각한다.

첫째로 내가 무엇을 아름답다고 부르고 있는지에 대해 설명하고자 한다. 오일러 공식은 작은 숫자들이 깔끔하게 배치되었기 때문에 아름다운 것이 아니다. 오히려 수많은 개념들을 간결하게 나타낸 것과 함께 드러난 단순성과 숨겨진 복잡성을 매력적으로 혼합한 것, 수학 내에서 이질적인 주제들을 서로 잇는 유도식과 그것이 참이라고 증명된 이후 수년이 지나도 명확하게 알려지지 않았던 풍부한 파생 결과들을 포함하여 공식을 둘러싼 전체적인 분위기 그 자체가 아름답다. 대부분의 수학자들은 이 공식의 아름다움이 그러한 분위기와 유사한 것 때문이라는 점에 동의할 것이다.

하지만 이 분위기를 아름답게 만드는 것은 무엇일까? 아름다움의 사전적인 정의는 감각이나 마음에 즐거움이나 깊은 만족감을 주는 것이다. 왜 오일러 공식이 즐거움을 일으키는가? 그 질문에 대한 답을 시작하기 전에 위대한 영국의 철학자이자 수학자인 버트런드 러셀Bertrand Russell의 유명한 말을 인용한다.

올바르게 바라본 수학은 조각처럼 차갑고 소박한

아름다움을 가지고 있다. 그것은 우리의 약한 본성에 호소하지 않으며, 음악이나 회화의 선명하고 화려한 요소를 가지고 있지는 않지만 장엄할 정도로 순수하고, 오직 위대한 예술에서만 볼 수 있는 엄중한 완전성을 담을 수 있다.

진정한 기쁨과 행복의 정신과 인간을 초월하는 느낌이야말로 가장 훌륭한 작품의 기준이라고 할 수 있으며, 이것은 시와 마찬가지로 수학에서도 찾아볼 수 있다.

이 유창한 선언문에는 생각해 볼 만한 부분이 많지만, 첫 번째 문장은 내 생각과 다르다. 러셀이 우리의 약한 본성에 호소하지 않는, 차갑고 소박하고 엄격하게 완벽한 성질을 가지고 있다고 한 말은 수학에 대한 일반적인 편견을 나타내는 것 같아 서글퍼진다. 대부분의 사람들은 수학이 무미건조하고 접근하기 어려우며 엄격하다고 느낀다. 더 나아가 '화려한 요소'라는 표현은 사람들을 황홀하게 만드는 감정들을 끌어 낼 수 있는 음악이나 그림, 다른 예술 분야들의 부드러운 힘을 낮게 평가하는 것 같다. 즉, 러셀은 디오니소스의 영역(끊임없이 변화하는 힘)이 아폴론의 영역(엄격하고 순수하며 균형 잡힌 명료한 힘)보다 격이 낮으며 아폴론의 영역만이 수학과 위대한 예술의 아름다움과 연관된다고 여기는 것이다.

감정은 화려하면서 지저분하며 주관성과 피할 수 없이 연결되

영화 「스타트렉」 중의 스폭

기에 수학의 엄격한 객관성과 반대된다는 것은 사실이다. 그러나 대뇌의 변연계(감정과 밀접하게 연결된 뇌의 부분)는 우리 정신이 작용하는 데 매우 중요한 역할을 한다. 만약 변연계의 활동이 어떠한 이유로 크게 줄어들어 오일러 공식을 볼 때 진정 차갑고 검소한 즐거움을 경험할 수 있다면 그 사람은 영화 「스타트렉」의 스폭(spock)처럼 기묘한 로봇 같은 정신 상태를 가진 것으로 보인다.* 그렇기 때문에 감정은 객관성의 본질일수는 있지만 약한 본성의 일부는 절대 아니며, 감정이 자동적으로 생성하는 유의성은 사고 과정에 필수적인 것으로서 그것 없이는 단순히 길을 잃은 것에 불과할 것이다. 특히 그런 상태에서

* 사실 「스타트렉」의 스폭이 엄격하고 까다로운 논리에 대해서는 완벽하게 기능적이며 인간과 같은 변연계를 가지고 있다고 생각한다(실제로 스폭의 아버지는 불칸(Vulcan)이었기 때문에 그는 반 인간이기도 했다.). 스폭이 자신 주변의 지구인들과 상호 작용하는 데 거의 문제가 없었다는 것을 주목해 보자. 그러므로 스폭은 겉으로는 감정이 결여되었음에도 다른 이들의 감정을 이해하지 못하고 사회에 적응하지 못하는 심한 자폐증 환자들과는 달랐다. 그러한 점에서 스폭이 사실은 높은 EQ를 가지고 있었지만 그것을 완벽하게 감추어 정서적으로 결여된 척했기 때문에 카리스마 넘치는 모습을 보여 줄 수 있었다고 생각한다. 스폭이 화면에 등장할 때마다 다른 「스타트렉」의 캐릭터들이 받아야 할 관심을 빨아들인다고 느꼈고, 그건 단순히 그의 뾰족한 귀나 재미있고 재치 있는 반어법이나 정확한 어투 때문이 아니라 감성 지능이 낮은 사람이 역설적으로 사회 관계를 능숙하게 이어 간다는 것을 볼 때마다 무엇이 심리학적으로 가능한 것인가 하는 내 기준을 벗어났었기 때문이다.

는 아름다움을 느끼는 감각 기관을 가질 수 없으므로 오일러 공식과 같은 작품을 감상할 때 아름다움을 느낄 수 없을 것이다. 하지만 사람들이 $e^{i\pi}+1=0$을 깊이 이해하게 되면 나처럼 변연계에서 시작되는 소름을 느끼게 된다.

하지만 이 변연계에서 발생하는 황홀함은 어떻게 설명해야 할까? 나는 그러한 감정이 20세기 영국의 수학자인 고드프리 해럴드 하디Godfrey Harold Hardy가 수학적 아름다움의 주요 요소로 꼽은 방정식의 심각성과 일반성, 깊이, 돌발성, 불가피성, 조화에서 나타난다고 생각한다(하디는 수학적 아름다움의 본질에 많은 관심을 가지고 있었다. 그는 "추한 수학은 영원히 지속되지 못한다."라고 이야기했는데 이것은 '아름다움 = 진실'이라는 유명한 키츠 공식만큼 강한 문장은 아니지만 그것에 근접한다고 생각한다.).

한편 수식의 우아함이라는 개념이 있다. 수학자들은 이 용어를 사용하여 복잡한 내용이 어떻게 간결하게 표현되었는가를 나타낸다. 또한 서로 다른 아이디어들이 조화롭게 어울려 멋지게 표현될 때 이 용어를 사용한다. 어렸을 때 레고로 자동차를 만들거나 비행기의 조립법을 알아냈을 때 느끼는 감정도 이러한 종류의 수학적 아름다움이라고 할 수 있다. 우리는 호모 메카니쿠스(Homo mechanicus, 기계적인 인간)이다.

하지만 오일러 공식에서는 이것이 더 희귀하고 깊은 황홀감을 불러일으킨다. 그것은 종의 한계를 초월하는 사례를 대면했을 때 느끼는 날아갈 듯한 행복의 감정이다. 나는 미켈란젤로Michelangelo

와 루트비히 판 베토벤Ludwig van Beethoven과 제인 오스틴Jane Austin과 조지 엘리엇George Eliot과 위스턴 휴 오든Wystan Hugh Auden의 작품들을 볼 때와 찰스 다윈Charles Darwin, 마리 퀴리Marie Curie, 알베르트 아인슈타인Albert Einstein의 발견을 볼 때, 에이브러햄 링컨Abraham Lincoln이 미국을 하나로 유지하면서도 노예 제도를 철폐하는 것에 성공한 것을 볼 때, 헬렌 켈러Helen Keller의 놀라운 업적을 볼 때, 불굴의 의지로 여성의 기본권을 위해 싸웠던 엘리자베스 캐디 스탠턴Elizabeth Cady Stanton, 수잔 B. 앤서니Susan B. Anthony, 다른 마라토너들을 볼 때, 세상을 변화시키는 넬슨 만델라Nelson Mandela의 아량을 볼 때에도 그와 거의 같은 황홀감을 느낀다. 이것이 바로 러셀의 두 번째 문장이 의미하는 것이고, 그는 사람이라고 말했지만 실제로는 모든 인류를 뜻한다. '초월하는 느낌'은 정말 이 감정에 완벽하게 어울리는 구절이다.

여기에서 다루고 있는 것은 아름다움보다는 미학적 이론에서 숭고함이라고 부른다. 숭고함에 대한 생각은 1세기 그리스의 철학자인 롱기누스Longinus에서 이어졌는데, 그는 숭고함을 '위대하고 경외심을 일으키는 생각이나 말'이라고 묘사했다. 이후의 사상가들은 숭고함과 아름다움이 다르다는 것을 사실로 받아들였다. 즉, 숭고함은 우주 비행사가 달을 향해 이동하면서 멀어지는 지구를 바라보며 느끼는 공포를 담은 경외 같은 것이고, 아름다움은 주로 즐거움에 관한 것이다. 내 눈에 가장 띄는 것은 초월하는 느낌에서 오는 황홀감이다.

중국의 철학자 증립존曾立存은 이러한 종류의 경험을 포함한 숭고함의 사상을 선도하는 현대의 철학자이다. 그는 1998년에 출판한 『숭고함: 이론적 토대 *The sublime: groundwork towards a theory*』에서 숭고함이 '인간을 초월하는 인간, 가능함과 불가능함의 경계, 알 수 있는 것과 알 수 없는 것, 의미 있는 것과 우연한 것, 유한한 것과 무한한 것을 기준으로 하여 우리의 존재에 대한 인식을 불러일으킨다.'라고 적었다. 그의 관점에 따르면, 숭고한 작품이나 자연적 물체들에 공통적으로 들어 있는 단 하나의 본성은 존재하지 않으며 그러한 숭고한 것들이 일으키는 동일한 감정적 상태 또한 존재하지 않는다. 그러나 그는 숭고한 경험에 공통적인 실마리가 있다고 주장한다. 바로 이것들이 '어떠한 인간적 가능성의 한계'로 우리를 데려간다는 것이다.

현대 수학자들에게 오일러 공식은 기초적인 것으로 보일 수 있지만, 아직도 많은 수학자들은 이것이 기이할 정도로 아름답다고 느낀다. 나는 이 공식이 전형적인 '초월하는 것에' 대한 느낌으로 가득하기 때문이라고 생각한다. 이 속에는 누구도 다다르지 못했던 깊으면서도 간결한 진리를 천부적인 천재가 어떻게 발견했는지에 대한 이야기가 담겨 있다. 그러므로 수학자들이 이 공식을 잘 알고 있느냐는 중요한 문제가 아니다. 오일러 공식은 그들과 나에게 영원한 즐거움으로 자리할 것이다.

이 고상하고 숭고한 종류의 아름다움은 상대적으로 희귀하다. 물론 아름답다는 단어는 다른 것에도 적용될 수 있지만 러셀이 언급한 것처럼 훌륭한 수학과 위대한 예술은 그러한 종류의 아름다움을 가지고 있다. 그리고 이것은 미학에서 오랫동안 이어져 온 수수께끼이다. 어떤 종류의 작품들은 시대가 바뀌고 감각적·정신적인 충족 기준이 지속적으로 바뀌는 데에도 불구하고 어떻게 여전히 아름답고 숭고하다고 여겨질 수 있는가?

구석기 시대의 동굴 벽화들은 3만여 년이 지난 후에도 여전히 숭고하게 아름답다고 여겨진다. 나도 프랑스에서 그중 몇 개를 볼 기회가 있었는데, 그것을 보았을 때 진정 머리카락이 쭈뼛할 정도로 훌륭하다고 느꼈다. 오일러 공식은 여러 세대에 걸쳐 수학자들에게 카리스마 넘치는 매력을 유지해 왔다. 1장에서 언급되었던 뇌 스캔 연구에서 수학자들이 특정 공식에 신경 반응을 보인 것에서 알 수 있듯, 수학과 다른 영역에서의 아름다움이 지속되는 것은 최소한 어느 정도는 인간의 정신에 존재하는 특성에 바탕을 두고 있음을 말하는 것이다. 아름다움은 관찰자의 뇌에 따라 달라질 수 있지만 대뇌의 변연계를 포함한 관찰자의 뇌들은 오일러 공식과 같이 진정 숭고한 것을 보았을 때 비슷하게 반응하는 것으로 보인다.

그러나 아직 몇몇 사람들은 오일러 공식이 너무 과대평가되었다고 주장한다. 그들이 오일러 공식에는 미스터리한 부분도, 역설적인 부분도, 깊은 의미도 없다고 말하는 이유는 뻔하다.

나는 온라인에서 그러한 내용들이 다양하게 변형되어 주장된 것을 보았는데, 한 블로거는 오일러 공식이 "어린아이들도 의미를 이해할 수 있을 정도로 너무나도 단순하다."라고 주장하기도 했다. 프랑스의 화학 공학자이자 작가이며 아마추어 수학자인 프랑수아르 리오네François Le Lionnais는 오일러 공식이 "재미없고 당연한 것으로 보인다."라고 적으며 위와 비슷한 주장을 펼쳤다. 1988년 '오일러 공식은 수학에서 가장 아름다운 공식인가?'라는 설문조사 응답자 중 한 사람은 오일러 공식을 가장 아름다운 것으로 분류하기에는 '너무나도 간단하다.'라고 평가했고 또 다른 응답자는 '정의에서 바로 도출되는 진실'이라고 매우 낮은 점수를 주었다.

이러한 평가에 대하여 저자가 어떤 대답을 할지는 독자들도 예상할 수 있을 것이다. 오일러 공식을 평가절하한 사람은 모든 것이 밝혀지고 난 후에 그것이 쉽다고 말하는 것뿐이다.

오일러 공식은 다른 주요 수학의 미제(謎題)들에 비해 참신함이나 카리스마가 부족한 것은 사실이다. 1955년 수학자 앤드류 와일즈Andrew Wiles가 페르마의 마지막 정리를 증명한 150여 쪽의 복잡한 수학적 증명에 비하면 오일러 공식은 간단하다고 할 수 있다.*

하지만 나는 오일러 공식을 단순하고 명백하다고 하거나 그 공

---

* 1637년 프랑스의 수학자 피에르 드 페르마Pierre de Fermat는 각 숫자의 지수 n이 2보다 큰 정수인 경우 다음의 방정식을 만족시키는 양의 정수 a, b, c는 존재하지 않는다고 추측했다. $a^n+b^n=c^n$. 이것은 페르마의 마지막 정리라고 알려졌고 수학자들은 357년 동안 이것을 증명하려고 노력했으며 마침내 와일즈가 그 업적을 달성하게 된다. 예를 들어 $n=1$이나 $n=2$의 경우에는 그러한 a, b, c의 값을 쉽게 구할 수 있다. 예를 들어 $3^2+4^2=5^2$.

식이 밝히는 허수와 실수의 관계가 페르마 정리에 비하여 대단치 않다고 하는 이들은 역사적 시각을 가지고 있지 않으며, 경이로움에 대한 감각이 결여된 사람들이라고 본다. 그들은 어떤 것을 이해하는 것과 경이롭게 바라보는 것이 근본적으로 양립할 수 없다고 믿기 때문에 오일러 공식에 놀라는 이들은 가식적이거나 수학적 지식이 적다고 여기는 듯하다. 그렇다면 미켈란젤로의 다비드 상은 어떠한가? 그러한 논리를 적용하자면 모든 이들이 다비드 상이 대리석을 깎아서 만든 것이라고 이해하고 있으니 다비드 상은 경이의 대상이 아니게 되는 것인가?

아마도 오일러 공식이 다소간 지루하다고 주장하는 사람들은 오일러 공식에 사용된 주요 수학 개념들을 익히고 이 공식을 유도하는 방법을 배우고 나면 이 공식이 $2+2=4$와 다를 것이 없다고 주장하고 있는지도 모른다. 하지만 내게는 마치 허들 경기 우승자가 "전속력으로 질주하면서 수많은 장애물을 뛰어넘는 것은 그렇게 어렵지 않아. 내가 이게 얼마나 쉬운지 바로 보여 줄게. 어린 아이들도 할 수 있는 일이라고."라고 말하는 것처럼 느껴진다.

그러나 그들의 주장과는 달리 수학자들은 오일러 공식과 그 기하학적 해석의 기반이 되는 개념적 발전을 위해 수 세기 동안 연구를 진행해 왔다. 19세기 이전의 훌륭한 수학자들도 이것을 알지 못했다. 그 이유는 이러한 공식들이 명확하지 않기 때문이다.

다시 $e^{\theta}=1+\theta+\theta^2/2!+\theta^3/3!+\cdots$을 살펴보자. θ값으로 1을 대입하면 $e=1+1+1/2!+1/3!+\cdots$이 되고 $e=1/0!+1/1!+1/$

$2!+1/3!+\cdots$ 이라고 적을 수 있다(0의 계승과 1의 계승은 1이라고 정의한다.). 나는 기본 원칙들을 사용하여 마지막 방정식을 유도하는 방법을 알고 있지만 여전히 이것이 아름답고 놀라운 것이라고 느낀다. e는 $(1+1/n)^n$에서 n이 무한대로 커질 때 그 극한값으로 정의된다. 위의 마지막 방정식을 통하여 무척 혼란스러운 무리수인 것처럼 보이는 e가 다른 측면에서 보면 0, 1, 2, 3, …을 사용한 완벽한 질서와 간단함의 전형적인 양식으로 보일 수 있다는 것을 알 수 있다.

오일러 공식을 셰익스피어의 소네트에 비유했던 수학자인 데블린은 그 놀라운 점들이 뜻하고 있는 것을 다음과 같이 요약하였다.

"물론 (그러한 공식은) 단순한 우연일 수 없으며, 오히려 대부분 우리의 시야에 가려져 있던 매우 다채롭고 복잡하며 극도로 추상적인 수학적 유형들의 아주 작은 부분을 보고 있는 것이다."

오일러 공식이 지루하다고 말하는 사람들은 자신들이 이 모든 유형들과 그 결과들을 인지하고 있다고 여겨질 수 있다. 어쩌면 그들이야말로 그 모든 것을 해낼 수 있는 진정한 천재들일지 모르지만 나는 그들이 모든 것을 이해했다는 증거를 본 적이 없다.

하지만 오일러 공식의 흥을 깨는 관점에 대해서 내가 반대하는 가장 중요한 부분은 실용적인 문제와 관련이 있다. 내가 아는 교사들 중 학습 의욕을 불어넣는 이들은 대부분 자신의 열정을 학생들에게 전달하는 재능이 있다. 그들은 자신이 가르치는 과목을 열정적인 초보자의 관점으로 새롭게 바라보면서 그 과목에 대해 가지고 있는 지적 열정을 전달한다. 그들은 주제에 대하여 설명하면서 자신들이 그 과목에 빠지게 된 첫 경험을 다시 경험하는 것처럼 보일 때가 많았다. 나도 이 책에서 그와 같은 자세를 보이려고 노력하였다. 하지만 흥을 깨는 이들은 그러한 접근 방식이 단세포적인 접근 방식이라고 여긴다. 나는 그런 이들이 내 아이들의 수학 교사가 아닌 것을 다행으로 생각한다.

많은 사람들이 수학을 지겹다고 느끼게 된 것은 수학이 아름다움과 놀라움으로 가득 차 있다는 사실을 경험하지 못했기 때문이다. 이들은 마치 수학의 엄격성이 경직된 시체처럼 단단하다는 것을 증명하여 수학을 그러한 모습으로 유지하기를 바라는 것처럼 보인다.

나는 멀리 떨어진 행성에 있는 지능적인 존재들 역시 수학 교과서에 포함된 숫자와 논리에 기반한 관계들을 발견했을 것이라고 생각한다. 아마 오일러 공식도 포함되어 있을지 모른다. 이러한 믿음은, 수학은 우리 마음과 독립적으로 존재하는 유형에 바탕을 두기 때문에 객관적인 사실과 관련되어 있다는 내 수학관에 반영되어 있다. 그러한 직관이 오일러 공식에 대한 내 생각을 다듬는 데 큰 도움이 되었다. 어떤 면에서는 모두 알고 있지만 쉬쉬해 온 문제인지도 모른다.

$1+1=2$이나 $e^{i\pi}+1=0$과 같은 방정식들이 인간의 생각에 독립적으로 존재하는 진리를 표현한다는 것을 수학적 플라톤주의

라고 부른다. 근대 플라톤주의 수학자 중 가장 잘 알려진 이들 중 한 명인 하디는 다음과 같이 말했다.

"나는 수학적 실체가 우리 밖에 존재하며 우리가 사용하는 함수는 그것을 발견하거나 관찰하기 위한 것이고, 정리들은 우리가 증명한 것이며, 거창하게 우리의 '창조물'이라고 부르는 것은 그저 발견한 내용을 적은 것에 불과하다. 이러한 시각은 플라톤 이후 수많은 유명 철학자들을 통하여 여러 가지 형태로 존재해 왔다."

플라톤주의는 내 마음에 들었지만 하디의 순수주의적 관점에서 본 플라톤주의는 크게 매력적으로 보이지 않는다. 하버드의 수학자인 배리 마주르Barry Mazur는 『상상하는 숫자들(특히 -15의 제곱근에 관하여)*Imgining Numbers(particularly the Square Root of Minus Fifteen)*』이라는 책에서 내가 느끼는 종류의 양면적인 가치를 잘 묘사하였다.

"수학적 세계가 점점 비수용적이 될수록 우리 모두는 열렬한 플라톤주의자가 되어 갈 것(수학적 물체는 '저 밖에' 있으며 발견되기를 기다리고 있다는 관점)이고 그러한 이유로 모든 수학은 그저 발견된 것에 불과하게 될 것이다. 또한 개인의 의지로 수학적 직관의 범위와 발견의 자유로움과 수용성이 넓혀진다면 모든 수학은 발명품이 될 것이다."

하지만 그러한 양면적 가치가 거론되는 일은 드물며 수학의 기본적 특성에 대한 논쟁은 권투 경기에서 무수하게 오가는 주먹과 피하는 동작들과 같다. 때로는 그러한 논쟁이 비전문적인 출판물을 통하여 이어지기도 했다. 두 유명한 헤비급 선수들이 붙은 일화가 있다. 청 코너는 수학을 대중에게 보급한 것으로 유명한 마틴 가드너Martin Gardner였고 홍 코너는 수학자인 로이벤 허시Reuben Hersh였다. 두 사람은 1980년대와 1990년대에 『뉴욕 리뷰 오브 북스*The New York Review of Books*』에서 수학의 기본적 특징을 주제로 부딪혔다. 수학적 현실주의자(수학적 현실주의는 기본적으로 플라톤주의와 같다.)였던 가드너는 "우주의 모든 지성적인 존재들이 사라지더라도 우주는 여전히 수학적 구조를 가지며, 어떤 측면에서는 순수수학의 정리들 역시 여전히 참일 것이다."라고 주장했다.

저명한 작가이기도 했던 허시(필립 J. 데이비스Philip J. Davis와 함께 집필한 『수학적 경험*The mathematical Experience*』(1981)은 미국의 도서상인 '내셔널 북어워드(National Book Award)'를 수상했다.)는 "수학은 인간의 문화적 구조물로서 인간의 정신과는 독립적으로 존재하지 않는다."라고 반박하면서 수학은 제도와 법처럼 '사회적 물건'이라고 주장했다.

그러므로 수학이 영원불변하는 진실이라고 보는 것은 옳지 않으며 2 + 2 = 4와 같이 명백해 보이는 방정식조차도 절대적으로 확실하지 않다는 것이다. 그리고 수학이 객관적이라고 말하지만 그러한 객관성은 '그것을 확인할 수 있는 모든 자격을 가진 이들이 동의'한다는 점에서의 객관성을 뜻하는 것이며, 어떤 '바깥 공간에' 그것이 존재한다는 것이 아니므로 "수학이 정말 우리의 세상 '밖에 존재한다.'라고 말하는 것은 어떠한 인간의 행동으로도 달성할 수 없는 초인간적인 확실성을 구하려 노력하는 것이다."라고 말했다.

허시의 글에는 논평할 가치가 있는 부분이 매우 많다. 예를 들어 그가 1997년에 출판한 『도대체 수학이란 무엇인가?*What is Mathematics?*』에서는 수학의 본질에 대한 생각의 역사를 읽기 쉽게 잘 설명했다. 하지만 나는 그와 다른 '사회적 구성주의' 이론 옹호자들이 플라톤주의자들을 이겼다는 것에 대해서는 의문을 가지고 있다. 1997년 가드너는 그 이론을 리뷰하면서 자신의 의견을 열정적으로 반복했다.

"바깥의 세계는 우리가 만든 세계가 아니며 구분되지 않는 안개와 같은 세계가 아니다. 그 세계는 지극히 복잡하고 아름다운 수학적 유형들을 포함하고 있으며 …… 사람들이 수학을 발명하고 세상에 적용한 것이기 때문에 그러한 유형들이 수학적 가치를 가지고 있지 않다고 주장하는 것은 너무나도 오만한 주장이다."

2000년도에 인지 과학자인 조지 레이코프George Lakoff와 라파엘 E. 누네즈Rafael E. Núñez는 공동 저서 『수학은 어디에서 왔는가: 어떻게 구체화된 정신이 수학을 존재하게 만드는가*Where Mathematics Comes from: How the Embodied Mind Brings Mathematics Into Being*』를 통하여 수학적 플라톤주의자들을 공격했다. 이들은 자신들의 글에서 허시를 인정하면서 허시가 "우리의 영웅 중 하나였다."라고 평가하지만 "(우리는) 수학이 *문화적 공예품에 불과하다*라고 주장하는 포스트 모더니즘적인 주장을 채택하지 *않는다*."라고 하면서 대부분의 극단적인 사회적 구성주의 이론의 결과에 대해서는 동의하지 않았다.

레이코프와 누네즈는 수학이 (또는 적어도 기본적인 연산이) 우리의 감각과 운동 경험에 바탕을 두고 있다고 가정한다. 우리는 어렸을 때 자를 사용하면서 그 길이와 숫자를 연결지어 이해했다. 그러한 '기초적인 비유'가 수학을 객관적으로 알 수 있는 실제 세계를 고정시켜 수학을 '구체화'한다. 그들은 '2 + 2 = 4'와 같은 수학적 문장들이 문화 독립적인 성질들(안정성, 일관성, 일반화 가능성, 발견 가능성)을 가지기 때문에 "문화와 상관없이 동일하다."라고 보았다.

그들의 이론에 따르면, 오일러 공식처럼 조금 더 복잡한 수학적 아이디어들은 수학적 개념들을 연결하고 혼합하는 '개념적 비유'에 바탕을 두고 있다고 한다. 예를 들어, 사인 함수와 코사인 함수를 $\theta^n/n!$을 항으로 가지는 무한수열의 합으로 개념화하기 위해서는 함수를 숫자에 연결하는 개념적 비유와 숫자를 그 수열에 합하는 정수에 연결하고, 그것을 극한에 연결하는 비유들을 섞어서 가능하게 된다는 것이다.

그들은 수학이 개념적 비유의 층을 통하여 인간의 마음속에 숨어 있다고 보았기 때문에 수학적 플라톤주의자들은 잘못되었다고 주장하였다. 그들의 견해에서 볼 때, 수학이 일종의 '초월적'인 현실을 가지고 있다는 주장은 실증적인 증거가 없는 신비주의적인 교리로 보았다. 그들은 수학적 플라톤주의가 엘리트주의 문화의 중심이 되며 '이해할 수 없는 것을 보상'하고 '대중에게 충분한 수학 교육이 제공되는 것이 충분치 않은' 이유라고 주장한다(이제 왜 주먹을 날린다고 이야기했는지 충분히 알았을 것이다.).

수학에서 종종 발생하는 놀라운 연결 고리들은 이러한 논쟁과 관련되어 있다. 마치 구름을 통하여 반사된 빛을 보고 그 안에 무엇이 있는지 알아 맞히는 것처럼 수학적 유형들은 우리의 정신과는 독립적으로 존재한다. 우리는 가끔 그것을 부분적으로 인지할 때가 있는데, 우리는 그것들을 조금씩 인지한 뒤 하나의 형태로 만들어 가기 때문에 숨겨진 개념의 연결 고리를 보는 데 오랜 시간이 걸리기도 한다.

그렇다면 일견 추상적이며 규칙에 기반한 게임으로 실제 세계와는 관계가 없는 것처럼 보였지만 이후 물리적 현상을 나타내는 데 적합하다고 판별된 많은 수학적 업적들은 어떻게 이해해야 할까? 오일러의 일반 공식이 그러한 예에 해당한다. 오일러가 공식을 발견하고 많은 시간이 지나고 나서야 기술자들은 이것이 AC 회로를 모델링하는 데 매우 적합하다는 것을 발견했다. 그러한 묘한 우연은 판타지 소설의 반전과도 유사하다. 예를 들면 다음과 같은 것이다.

"갑자기 샘은 자신이 고대 이집트 미라에서 찾았던 묘한 장식품이 사실은 고농도 원자로 관제실의 열쇠였다는 것을 깨달았다."

물리학자인 위그너는 이 현상을 '자연 과학에서의 수학의 비합리적인 효과'라고 불렀다. 나는 때때로 플라톤주의가 마음에 들 때, 수학이 다른 세계에 존재하며 사람의 마음과는 독립적으로 존재한다는 것을 암시한다고 보기도 하지만 레이코프와 누네즈는 그러한 관점에 반대한다.

그들은 『수학은 어디에서 왔는가』에서 "수학과 세계 사이에 어떤 '연결'이 존재하든지 간에 그것은 세상을 자세히 관찰한 과학자의 마음에서 일어나는 것으로서, 과학자는 적절한 수학을 배우고 (또는 발명하고) 인간의 정신과 뇌를 사용하여 그것들을 연결한다." 라고 반박했다.

『헤아릴 수 없는 수: 수학적 문맹과 그 결과*Innumeracy: Mathematical Illiteracy and its Consequences*』(1988) 등의 책을 쓴 존 앨런 파울로스John Allen Paulos는 레이코프와 누네즈의 책을 평론하면서 '준(準)플라톤주의적' 타협안을 제시했는데 나는 이것이 상당히 매력적이라고 생각한다.

"지각이 있는 모든 존재는 궁극적으로 연산과 연관된 비유를 개발하여 그 진실에 이를 수 있다는 점에서 초월적이며, 그렇기 때문에 여기에도 있고 우주에도 존재한다고 할 수 있다."(이러한 가상적인 존재들은 이 논쟁에서 자주 등장했다. 허시는 '퀘이사 X9의 작은 녹색 생물들'이 수학을 할지도 모르지만 그들의 수학은 우리의 것과는 완전히 다를지도 모른다고 주장하였다.)

내가 파울로스의 준플라톤주의에 끌렸던 이유는 만약 어느 먼 행성에 지적 존재가 있다면 그들도 인간의 지성이 발달해 온 것과 유사한 진화 과정을 거쳤을 것이라는 내 가설에 들어맞기 때문이다. 기본적인 측량 능력과 추상화 능력은 여러 상황에서 다윈주의적 가설의 우세를 나타내기도 한다. 제한된 자원만으로는 자연 환경과 결합한 개체들은 물건이나 서비스를 교환하지 않을 것이기 때문에 그들에게 그러한 능력들은 큰 가치가 없을 것이다. 진화론적 사상가인 하임 오펙Haim Ofek은 이러한 논리로 자원의 교환이 현대 인류의 뇌 크기와 인지 능력의 폭발적인 성장에 도움을 주었다는 이론을 제시했다. 그는 '교환이라는 행위는 특정한 수준의 대화와 수량화·추상화, 시간과 공간에 대한 지각 수준을 요구하는데, 그 모든 것들이 인간 정신의 언어적·수학적·예술적인 기능에 바탕을 두고 있다는 것'을 관찰했다.

이러한 수학적 기능을 가진 뇌 구조가 영리한 개체의 경쟁 압박을 받아 긍정적인 반응이 생겨나 빠르게 인적 자원이 늘어나기도 한다. 이러한 과정을 통하여 복잡한 수학과 연관된 유형들을 담을 수 있는 뇌가 생겨날 수도 있다.

이러한 추측은 인지 과학자들이 발견한 결과들과 일치한다. 예를 들어 어린아이의 수학적 감각이 생겨나는 것에 대한 연구들과 뉴런을 바탕으로 한 성인의 수학적 능력을 묘사한 뇌 영상 연구들은 인간이 기초적인 연산 능력을 가지고 태어난다는 것을 보여 준다. 파리 프랑스대학의 교수인 스타니슬라스 드앤Stanislas Dehaene은 이러한 주제에 관해 영향력이 큰 연구를 수행하였다. 그는 인간이 기초 연산 능력을 가진 특별하게 진화한 뇌 회로를 가지고 태어난다는 이론을 제시하고 그러한 회로들이 고차원의 수학적 생각을 돕기도 한다고 말했다.

드앤과 동료인 마리 아말릭Marie Amalric은 뇌 영상을 통해서 고차원의 수학적 사고가 주로 수학적 추론에 사용되는 뇌 조직을 활성

화시킨다는 것을 보여 주었다.

중요한 점은 수학과 관련된 뇌 조직이 최근에 진화한 언어 관련 센터와 구분된다는 것이다. 즉, 인간의 수학적 능력은 더 오래전에 진화했던 것으로 보이고 그것을 통하여 수학적 능력이 언어적 능력보다도 생존에 더 중요한 역할을 한다는 것으로 받아들일 수 있다. 어쩌면 우리가 때로 수학적 문제의 답을 정확하게 모르더라도 직관적으로 그것을 맞출 수 있는 이유가 바로 그 때문인지도 모른다(드엔은 일반적인 성인들의 경우 12+15가 96이 아니라는 것을 이러한 인지적인 계산 과정을 통하지 않고도 빠르게 결정할 수 있다는 것을 관찰하였다.).

그러한 맥락에서 수학자들은 그들이 증명하고자 하는 정리나 공식을 적기 전에도 그것이 옳다는 것을 감각적으로 알 수도 있다. 이 현상을 누구보다도 더 생생하게 보여 준 이가 바로 인도의 수학자인 스리니바사 라마누잔Srinivasa Ramanujan이다.

어린 시절을 가난하게 보내고 두 번이나 대학 입학에 실패했던 라마누잔은 1913년 케임브리지대학의 하디에게 자신이 직관적으로 찾아낸 여러 공식들을 담은 10쪽짜리 원고를 보냈다.

하디는 그 원고를 읽고 그 내용에 놀라게 되었고 그중 몇 개의 공식들에 대하여 "이건 말이 안 되는 것이다. 나는 이러한 것을 단 한 번도 본 적이 없다."라고 평했다. 라마누잔은 그 공식의 증명까지는 원고에 포함시키지 않았지만 하디는 이 기이한 공식의 대부분에 대하여 "사실이 아니라면 누구도 그것을 발명할 것이라 상상할 수 없을 것이다."라고 말하면서 그것들이 사실이라고 결론을 내렸다. 이내 하디는 자신의 동료들에게 인도의 오일러를 찾았다고 전했는데 라마누잔은 오일러처럼 숨겨진 관계들을 감지하는 묘한 능력을 가지고 있었다.*

1914년 하디와 그의 동료 수학자인 존 이든저 리틀우드John Edensor Littlewood는 라마누잔을 케임브리지대학으로 초청하여 그와 공동 연구를 시작했다. 하지만 놀라운 공식을 상상해 내는 라마누잔의 능력은 몇몇의 수학 전통주의자들의 반발을 야기하기도 했다. 그들은 증명이 없는 공식은 개연성 있는 헛소리라고 여겼고 그러한 공식을 제시하는 이들을 사기꾼이라고 여겼다. 또한 라마누잔은 영국으로 온 뒤 결핵과 극심한 비타민 부족 등으로 건강에 점점 더 문제가 생겼고, 입원 치료를 받다가 인도로 돌아간 지 얼마 지나지 않은 1920년에 사망하였다.

하루는 하디가 런던의 병원에 입원한 라마누잔을 방문해서 수학 역사상 가장 유명한 일화 중 하나가 된 라마누잔의 천재성을

---

* 라마누잔의 도발적인 공식 중 하나를 살펴보자.

$(1+1/2^4) \times (1+1/3^4) \times (1+1/5^4) \times (1+1/7^4) \times (1+1/\text{다음 소수}^4) \times \cdots = 105/\pi^4$.

좌변의 무한수열의 곱은 소수의 4제곱을 연이어 사용한다. 소수란 1보다 큰 숫자로 오직 1과 자신만으로 나누어떨어지는 숫자를 말한다. 3은 소수이지만 4는 2로 나누어지기 때문에 소수가 아니다. 첫 아홉 가지 소수는 2, 3, 5, 7, 11, 13, 17, 19, 23이 된다. 소수는 무한하게 이어지는데 그렇기 때문에 라마누잔의 공식의 곱셈 끝에 생략 부호(…)가 사용되었다. 이 공식은 π와 소수 사이의 깊은 연결을 잘 나타낸다.

경험하게 된다. 하디는 라마누잔에게 "나는 1729번 택시를 탔는데 그 숫자가 상당히 따분해 보이더군. 그래서 그것이 불길한 징조는 아닌가 걱정이 되네."라고 말하자 라마누잔은 "아니요, 그것은 매우 흥미로운 숫자입니다. 이것은 서로 다른 두 쌍의 숫자들의 세제곱의 합으로 나타낼 수 있는 수 중 가장 작은 수입니다."라고 답했다. 라마누잔은 이 숫자가 자신의 노트에 적어 둔 $1729 = 1^3 + 12^3 = 9^3 + 10^3$이라는 것을 말하고 있던 것이다.*

하디와 라마누잔은 모두 수학적 플라톤주의자였지만 그들은 플라톤주의 진영에서의 분열을 야기했다. 하디는 무신론자였기 때문에 그에게 독립적으로 존재하는 수학적 진실은 신성한 존재와는 전혀 관계가 없었다. 하지만 라마누잔은 그의 수학적 통찰이 인도의 여신인 나마기리에게서 받은 선물이라고 여겼고 그에 관한 유명한 말("신의 생각을 표현하지 않는 수학적 공식은 내게 어떠한 의미도 없다.")을 남겼다.

그들은 이 부분을 제외한 다른 것에는 서로 동의했던 것으로 보인다. 실제로 하디와 라마누잔의 경우처럼 세속적인 플라톤주의와 종교적 플라톤주의 사이에서 벌어지는 수학의 기본적인 성질에 관한 논쟁은 정밀하고 잘 구성된 사실에 기반하는 것보다는 공

* 1729 이야기에 이어 하디가 라마누잔에게 네제곱의 경우는 어떻게 될 것 같느냐는 질문을 던지자 라마누잔은 잠시 생각하더니 만일 그 수가 존재한다면 굉장히 큰 수일 것이라고 대답했다. 그러나 이 수는 오일러가 1761년에 이미 발견하였다. 그 수는 다음과 같다. $635318657 = 133^4 + 134^4 = 59^4 + 158^4$

리적인 믿음에 관한 것이다. 수학적 직관에 기반을 둔 정신 작용들은 무의식적이고 표현과 관련이 없는 뇌의 부분들에 관련되어 있기 때문이다. 가장 복잡한 뇌 영상 연구들조차도 수학적 직관과 뇌의 관계를 잘 설명하지 못하기 때문에 이 시점에서는 수학적 진실이 초월적인 존재와 연결되는 것이 피할 수 없다고만 예측할 뿐이다. 나는 여전히 준플라톤주의적인 관점은 진화와 인간의 뇌에 대해 아는 것과 일치한다는 점에서 최소한 그것을 설명하는 첫 발걸음으로 올바른 방향을 선택했다고 생각한다.

하지만 무한대는 어떻게 생각해야 할까? 우리는 현실 세계에서 무한히 많은 수의 물건이나 무한히 작은 물건을 본 적이 없는데 어떻게 이 중요한 수학적 개념과 연관된 비유를 찾을 수 있을까? 종교적 플라톤주의자들은 무한대의 개념을 설명하는 데 문제가 없다. 그러한 아이디어들은 무한한 사고를 가진 신의 생각을 통해 들어온다고 할 수 있다. 하지만 나는 내 세속주의적인 준플라톤주의에 맞는 설명을 찾고자 한다.

아리스토텔레스의 잠재적 무한과 관련된 비유가 공통적인 실제 세계의 경험의 특징을 가진다는 설명을 뒷받침하는 일은 어렵지 않다. 예를 들어 아이들과 장거리 여행을 할 때 항상 겪는 일은 "다 왔어요?", "아직 멀었어."라는 질문이 오고간 뒤 "이렇게 가서는 절대로 도착 못 할 것 같아요."라는 말이다. 즉, 지구의 어린 지성체들은 거의 보편적으로 '너무 길거나 커서 절대로 하지 못할 것'에 대한 개념을 가지고 있다.

하지만 실제 무한대는 그것과는 다르다(여기에서 무한대는 극한을 사용한, 개념화된 현대 수학을 이야기하는 것이 아니다. 오히려 조심히 감싸지 않으면 끔찍한 역설을 가지고 우리를 찾아오는 수학 틀 안의 괴물이라고 은유적으로 표현할 수 있다.). 실제로 무한대나 무한소를 생각해 내려고 노력해 봐도 기껏해야 내가 겪은 가장 먼 거리(미국 횡단)나 매우 많은 사물의 더미(바닷가의 모래알)나 매우 작은 물체들(먼지 알갱이) 정도밖에 생각할 수 없다.

하지만 내가 선호하는 준플라톤주의적 관점은 독립적으로 존재하는 유형들을 정신적 영역에 정확하게 연결해야 한다고 주장하지 않는다. 무한대가 실제 세상에 존재하지 않더라도(꼭 존재하지 않는다고 주장하는 것은 아니고 이 부분에 대해서는 불가지론적인 관점을 가지고 있다.) 우리는 무한대에 대한 아이디어를 제시할 수 있다. 지구의 수학자들이 무한대에 대한 비유를 찾을 수 있기 때문에 퀘이사 X9의 수학자들도 거의 확실히 그러한 비유를 찾을 수 있을 것이다. 그러한 이유로 제한된 종류의 초월성을 가지는 개념의 집합에서 무한대와 그것을 바탕으로 한 정리들을 제외해야 할 이유가 없다.

아이러니하게도 레이코프와 누네즈의 이론은 준플라톤주의적인 견해를 지지하는 것으로 해석될 수 있다. 그들은 사람들이 무한하게 이어지는 과정이 '끝과 궁극적인 결과'를 가진다고 그려서 무한대를 개념화한다고 주장하였다. 즉, 우리는 은유적으로 과정에 기반한 잠재적 무한대가 완성되는 개념을 혼합하여 무한대를 인지한다는 것이다. 또한 그들은 수학자들이 항상 이 '무한대에 대한 기본적인 비유'를 사용하여 무한 집합이나 무한수열의 극한과 같이 수학에서 발견되는 무한대의 경우들을 개념화한다고 주장한다. 그들이 말하는 무한대에 대한 기본적인 비유는 모든 지성체들이 유사한 수학을 발견하고 발명하는 방법을 겪는다는 주장과 비슷하게 느껴진다.

나는 이미 레이코프와 누네즈의 견해에 대해서 많은 부분에 동의하지만 그들이 『수학은 어디에서 오는가』에서 주장한 대로 수학 교육에서 비유에 더 관심을 가져야 한다는 주장을 수긍한다. 그들처럼, 나도 새로운 것들을 이해할 때에는 익숙하지 않은 참신한 성질을 익숙한 정신적 구성물과 연결지어 생각한다. 넓은 의미에서 정의할 때, 비유는 우리가 친숙하게 알고 있는 것들을 바탕으로 새롭고 참신한 아이디어들을 추론할 수 있도록 돕는다. 레이코프와 누네즈가 아주 분명하게 말하듯이 수학은 그러한 비유들로 가득하다.

수학의 표준적이고 간결한 방법(많은 기호들)을 사용하면 많은 개념적 비유들을 단일 공식이나 정리로 압축할 수 있다. 기호를 사용하여 우아하고 간결한 수학적 표현을 만들 수 있다. 하지만 수학을 공부하는 학생들에게는 악의적인 주술사가 고안해 낸 가학적인 도구로 느껴질 수 있다. 심지어 수학을 잘 아는 이들조차도 복잡한 수식을 처음 보게 되면 혼합된 복잡한 개념들을 이해하는 데 어려움을 느낄 수 있다. 레이코프와 누네즈가 말하는 정교한 비유는 수학을 배우는 학생들이 고차원의 혼합된 개념들과 씨름할 때 매우 큰 도움이 될 수 있다.

두 사람은 어떻게 정교한 비유를 연결할 수 있는지 설명하기 위해서 자신들의 책에서 70쪽에 달하는 한 장(章)을 오직 오일러 공식만을 다루는 데 전념했다. 하지만 이 책을 포함해서 오일러 공식을 다룬 모든 책들은 매우 중요한 부분을 설명할 수 없기 때문에 불완전할 수밖에 없다. 그것은 어떻게 오일러가 그 공식으로 이어지는 숨겨진 길을 감지했는지 설명할 수 없는 것이다. 물론 그가 고안한 증명들이 몇 가지 단서를 제공하기는 한다. 하지만 라마누잔의 이야기에서 알 수 있듯이 일반적으로 수학적 증명은 무의식적인 직관적 과정을 통하여 생각한 것을 정리한 후 증명한 것을 나타낸다. 독일의 물리학자인 하인리히 헤르츠Heinrich Hertz가 관찰한 것 역시 이러한 점을 잘 묘사하고 있다.

"사람은 이러한 수학적 공식들이 독립적으로 존재하는데 그 자체의 지성을 가지고 우리보다 더 지혜로우며, 그것을 발견한 이들보다 더 지혜로우며 그것에 투자한 것보다 더 많은 것을 얻는다는 느낌을 지울 수 없다."

나는 이것이 플라톤의 신비주의를 지지한다고는 보지 않는다. 이것은 오일러 공식과 같은 공식들의 온전한 의미가 어떻게 인간의 정신이 작용하는지에 대한 매우 깊은 불가사의한 일과 연관되어 있다는 것을 뜻한다. 또한 그것이 자세히 설명되어 해결되기 전까지는 수학의 본질에 대한 뜨거운 쟁점들은 여전히 불타오르게 될 것이다. 어떠한 경우든 내가 아는 그 누구도 헤르츠의 한 문장보다 수학적 플라톤주의와 준플라톤주의의 기반에 위치한 기본적인 직관을 더 잘 설명한 사람은 없다고 자부한다. 또한 그는 내가 겪어 보고 이 책에서 이끌어 내려고 노력해 온 오일러 공식과 같은 공식들의 깊이와 놀라움과 아름다움에 대한 훌륭한 즐거움을 전달하는 데 성공했다.

나는 오일러 공식에 관한 책을 쓰면서 보스턴 미술관에서 보았던 조각상이 생각났다. 이 조각상은 이 책의 아름다운 주제와 연관되어 있었기 때문에 내게 큰 감동을 주었다. 그 조각상에 대해 생각하면서 느꼈던 일종의 감정 이입이 이 책을 쓰는 데 도움이 되었다

이 조각품은 미국의 예술가인 조시아 매켈헤니Josiah Mcelheny의 작품으로 반투명의 양방향 거울을 사용해 병과 디캔터와 다른 유리 제품들이 반사되면서 무한하게 이어지는 것처럼 보이는 작품이다. 이 시각적 작품은 사람이 머릿속에서 오일러가 보여 준 e^{θ}과

매켈헤니의 거울과 무한 모습 작품 ©artforum.com

$\sin\theta$와 $\cos\theta$의 무한수열의 합을 연관 지어 생각할 수 있는 비유를 제시한다.

그러나 그 작품의 시각적인 깊이를 바라보면서, 나는 미친 듯이 일상생활의 방식을 따라 쳇바퀴 돌듯 바쁘게 살아가다가 처음으로 자녀를 손에 안았던 때, 사랑하는 사람이나 동물이 죽었을 때, 역사상 가장 아름다운 영혼을 가졌던 사람 중 한 사람이 살아가는 동안 우리에게 실제적으로 느낄 수 있는 환상적인 무한대의 무엇인가가 조용히 표면 아래 감춰져 있었다는 것을 알려 준 그 순간까지 느끼지 못했을, 그러한 숭고하고 심오한 것에 대한 구체적인 비유를 느낄 수 있었다.

부록1

오일러의 유도식

E U L E R ' S E Q U A T I O N

$e^{i\theta} = \cos\theta + i\sin\theta$의 첫 증명

아래에서는 오일러 공식인 $e^{i\theta} = \cos\theta + i\sin\theta$의 첫 증명을 살펴보도록 하자. 여기에서 사용되는 수학은 본문보다는 약간 더 도전적이지만 삼각 함수를 다룬 7장을 읽고 기본 대수에 익숙하다면 대부분 익숙해 보일 것이다(만약 대수학이 잘 기억나지 않을 경우에 대비하여 필요한 대수 공식을 넣어 두었으니 걱정하지 않아도 좋다.). 여러분들은 천재가 위대한 발견의 부품들을 맞추어 나가는 과정을 어깨 너머로 구경할 수 있게 될 것이다.

오일러는 1748년에 『무한대에 대한 분석 개론 *Introductio in Analysin Infinitorum*』 두 권을 출판하면서 $e^{i\theta} = \cos\theta + i\sin\theta$의 초기 증명을 포함시켰다. 이 개론은 기본적으로 고차원 미적분을 배우기 위한 전제가 되는 수업 교재로 18세기의 학생들이 무한대의 개념과 무한대가 일으키는 문제들에 대하여 배우면서 잘 알려진 대수학적 기법들을 연습하도록 구성되었다. 이후 학생들은 당시 아직 개발 단계였던 미적분을 배우며 무한대와 씨름하게 된다(이후 오일러는 자신의 시대에 확정적인 미분 방정식과 적분 방정식 교재를 집필하였다.). 개론에서 다루었던 주제 중에는 무한하게 크거나 작은 숫자들을 계산에 사용하는 방법, 무한수열의 합을 구하는 것과 삼각 함수를 무한수열의 합의 형태로 나타내는 방법 들이 포함되었다.

오일러의 개론은 표면상으로는 교과서라고 이름 붙여졌지만 실제로는 매우 많은 분량의 연구 논문과 같았고, 많은 내용들은 아직 알려지지 않은 새로운 연구 결과들이었다. 예를 들어 이 책은 최초의 근대적 함수의 정의를 담았고, 삼각법에 단위원을 도입하였으며, 오늘날까지 우리가 사용하는 $\sin\theta$ 등의 축약자들을 확립하였을 뿐만 아니라 원주율을 나타내는 π가 표준적으로 사용되도록 하였다. 1950년 역사학자인 카를 보이어Carl Boyer는 이 개론을 보고 근대에서 가장 영향력 있는 수학 교과서라고 평가하며 고대 유클리드의 〈원론〉과 동등한 중요성을 가진다고 평가하였다.

1979년 프랑스의 수학자 베유는 수학을 전공하는 학생들이 현대의 교과서보다 오일러의 개론에서 훨씬 더 많은 것을 얻을 수 있다고 선언하며 이 책을 높게 평가하였다. 이것은 당시의 수학자들에게 기이한 것으로 느껴졌을 것이고, 개론의 유도식이 일반적으로 모호하고 부주의하게 적용되면 수학적 악몽이라고 할 수 있는 모순으로 쉽사리 이어질 수 있는 18세기의 추론이라는 당시의 주된 관점과 부딪히는 것이었다. 18세기 이후의 수학자들과 역사학자들은 때때로 오일러의 개념적 진보를 자신만만하고 심지어는 무모하다고 묘사하였다.

따라서 그의 연구 결과들이 2세기 이상 동안 훌륭한 발전이라고 칭송 받으면서도 오일러의 유도식 중 다수(특히나 무한대에 관한)는 진기한 유물 정도로 여겨져 왔다. 수학자들은 오일러가 오늘날 적절한 결론으로 여기는 수학의 정의를 제공하였다는 사실을 지적하면서, 추론 과정이 불확실해도 올바른 증명의 과정을 찾아 나가는 그의 능력을 다루었다. 그들은 오일러의 방식보다도 오일러가 거의 초자연적인 직관을 가졌다는 견해에 동의하였다.

하지만 베유의 견해는 지난 몇 년 동안 점점 더 많은 지지를 받게 되었다. 그 이유 중 한 가지는 오일러가 무한대와 연관된 정리를 증명하면서 사용했던 추론 과정이 1960년대에 등장한 엄격한 수학의 분야인 비표준 해석학의 증명식과 유사하다는 것을 보여주었기 때문이다(비표준 해석학은 '초실수'에 기반한 해석학으로 기본적으로 오일러 시대에 다루었던 무한하게 크거나 작은 숫자들을 현대의 용어로 더 엄준하게 표현한 것이다.).

그들의 연구는 오일러의 개념적 진행 과정 중 대부분이 (약간의 작은 수정을 거치면) 오늘날의 기준에서도 완벽하게 타당한 것으로 여겨질 수 있다는 것을 밝혔다.

더 나아가 일부 수학 교육자들은 오일러의 개념적 진행 방식이 학생들의 직관에 더 자연스럽게 맞추어져 있기 때문에 오늘날의 방식보다 더 이해하기 쉽다고 주장한다(이러한 관점은 새로 등장한 것은 아니지만 이 방식이 미적분을 소개하는 데 더 좋다는 수학 교육자들의 의견이 점점 더 커져 왔다.).

오늘날 무한대를 다루는 수학 교재들은 종종 난해한 논리와 복잡한 적격 조항들로 채워진 법률 문서처럼 여겨지기도 한다.

오일러 시대의 덜 엄격한 개념에서 생기는 불일치들을 피하기 위해서 현대의 증명은 복잡해졌다. 19세기 수학자들은 수학에서 무한대를 다룰 때 경험하던 악몽을 없애기 위하여 노력하는 과정에서 이전 시대의 오래된 아이디어들을 철저하게 무시해 버렸다. 하지만 위대한 엄격성은 대가를 치르지 않고는 얻을 수 없었다. 수학자들은 오랜 시간 동안 수학적 사고를 도왔던, 직관적으로 알 수 있는 아이디어들에서 멀어졌던 것이다. 예를 들어, 오늘날에는 함수를 종이에 펜을 대고 손이 움직이면서 그리는 곡선이라고 생각하는데, 이것은 제대로 정의되지 않은 기하학적 직관에 의존하는 것으로 너무 쉽게 수학의 아주 기초적인 것에 문제를 일으킬 수 있다고 여겨질 수 있다.*

또한 오일러의 걸작은 명료하기 때문에 주목할 가치가 있다. 실제로 20세기 헝가리의 수학자인 포여 죄르지George Pólya는, 오일러

* 기하학적 직관이 일으킬 수 있는 문제를 하나 살펴보자. 같은 크기의 두 원이 한 점에서 접해 있다고 하자. 직관적으로 자연스럽게 이 두 원이 '키스'하고 있다고 생각할 수 있을 것이다. 만약 미니멀리즘(minimalism) 예술을 좋아하는 사람이라면 '사랑에 빠진 원들'이라고 이름 지을 수도 있다. 하지만 실제로 두 사람이 키스를 할 때 그들의 입술은 서로 닿는다. 그러므로 두 사람은 입술을 통해 결합된다.
두 원이 만나는 점은 두 직선이 교차하는 점처럼 두 원에 모두 접해 있는 점을 말한다. 레이코프와 누네즈는 『수학은 어디에서 왔는가』에서 이 예시가 얼마나 훌륭한지 잘 설명하였다. 이렇듯 한 점에서 인접하는 두 원을 키스에 비유했을 때 수학적으로는 문제가 없지만 현실에서는 다소 민망한 비유가 될 수 있다.

는 자신의 추론을 정확하게 제시하기 위해 '고심'했던, 수학 역사에서 거의 유일한 인물이라고 말했다. 포여는 그러한 이유로 오일러의 연구를 살펴볼 때 다른 기술적 논문에서는 볼 수 없는 '독특한 매력'이 느껴진다고 덧붙였다. 수학자인 던햄도 오일러의 설명들은 실제와는 거리가 먼 전문적인 글로 학자들의 열정을 식게 하는 현대의 경향과는 반대로 '신선하고 열정적'이라고 평가했다.

오일러가 어떻게 $e^{i\theta} = \cos\theta + i\sin\theta$를 유도했는지 이해하기 위해서는 그가 계산식에서 반복적으로 도입했던 무한하게 작은 숫자(무한소)를 이해해야 한다.

무한소란 라이프니츠가 1670년대에 미적분을 발견하면서 유명해졌다. 무한소는 당시만 해도 0에 너무 가깝기 때문에 0으로 여겨질 수도 있고 때에 따라서는 0이 아닌 작은 숫자로 여겨질 수도 있다고 느슨하게 정의되었다. 중요한 것은 무한소가 0으로 여겨지지 않을 때에는 분수의 분모로 사용될 수 있다는 점이다. 반대로 0은 분수의 분모가 될 수 없다. 일반적인 수학에서 $x/0$ 형식의 분수는 정의되지 않는다.

이 미묘하게 정의된 숫자는 미적분의 발전에 결정적인 역할을 하였다. 오일러와 그 시대의 수학자들은 라이프니츠의 업적을 따라 순간 변화율을 계산할 때 무한소를 자유롭게 사용하였다(순간 변화율이란 0초의 시간 동안 증가하는 양을 계산해야 한다.). 그들은 순간 변화율을 계산할 때 0이 아니라 무한소를 분모로 사용하는 방식으로 $x/0$의 문제를 피해 갔다. 하지만 간편한 무한소가 더 이상 필요하지 않을 때에는 무한소가 0과 같은 것처럼 수식을 간략화한 뒤 무한소를 제거할 수 있었다. 이것은 x 대신에 $x+0$을 사용하는 것과 같다. 수학자들은 이런 방식을 통하여 $x+dx=x$라는 수식을 사용했는데, 여기에서 dx는 0이 아닌 무한소를 나타낸다. 그들은 무한소가 일반적인 크기의 계산에서 사용될 때 어떤 숫자에 더하거나 빼더라도 큰 영향을 미치지 못할 정도로 작다고 주장함으로써 무한소를 전략적으로 사용하였다.

분명히 오일러 시대의 무한소는 비유적으로 수상한 부분이 있었다. 하지만 막대한 수의 마법적인 미생물들이 작용하는 것처럼 무한소는 놀라운 발견의 불씨가 되었다. 실제로 수학 역사학자 클라인은 다음과 같이 말했다.

"수학의 위대한 발견은 다른 어떤 세기보다 18세기에 이루어진 것이 더 많다."

하지만 클라인은 오일러와 그 시대의 수학자들이 성공에 '너무 도취되어' 종종 그들의 수학에서 "엄격성이 결여된 것에는 무관심했다."라고 평가했다. 가장 두드러진 문제는 그들의 영리한 계산 요령들은 고대부터 수학과 철학을 괴롭혀 온 무한대의 깊은 문제들을 해결하기보다는 피해 가는 방법이었다는 것이다.

1900년에 이르러 성공의 달콤한 술에서 깨어난 수학자들은 오일러 시대의 느슨하고 직관적인 아이디어들을 정밀하게 가공된 극한의 정의와 다른 한정된 수량들로 대체하여 위협적인 유령들을 시야에서 제거하였다.* (물론 머릿속에서까지 제거한 것은 아니다. 무한대는 언제나 매우 도발적인 주제가 될 것이다.)

자 이제 수학적인 부분으로 돌아가자.

오일러의 계산에서 무한하게 작거나 큰 숫자를 사용하는 데 따라야 할 규칙들을 살펴보자. 대충 한번 훑어보고 넘어가도 괜찮다. 나중에 계산식에서 사용될 때 이 규칙들이 기억나지 않는다면 여기로 돌아와서 다시 보고 넘어가면 된다.

> (1) 무한히 작은 수에 유한한 수를 곱하면 여전히 무한히 작은 수가 된다. 이것은 어떤 숫자에 0을 곱하면 0이 되는 것과 유사하다. 따라서 y와 z가 무한소를 나타내고 x가 유한한 수라면 $y \times x = z$, 또는 $yx = z$라고 쓸 수 있다.

---

* 예를 들어 무한 분수 수열의 극한의 정의를 살펴보자.: 1, 1/2, 1/3, ……(예를 들어 $1/n$, $n = 1, 2, 3,$……. 만약 임의의 양의 수 ε에 대해 n이 m보다 클 때마다 $(L-1/n)$의 절댓값이 ε(ε는 그리스 문자 엡실론으로 수학에서 작고 유한한 숫자를 나타내는 기호로 많이 쓰인다.)보다 작은 m이 있다면 이 수열의 극한값은 L이다(이 경우 $L = 0$이다.). 물론 이 정의는 복잡하다. 하지만 무한대는 어디에 사용되었을까? 이 경우 무한소는 '임의의 양의 수 ε' 뒤에 숨어 있다. 이 문장은 우리가 $1/n$에서 n에 큰 값을 대입해 L에 가깝게 만들 수 있다는 것을 뜻한다. 중요한 점은 이러한 ε의 정의가 이전 시대의 극한의 정의에서 사용되었던 다소간 애매모호한 움직임의 개념을 빠뜨리고 있다는 것이다. 오늘날 표준적으로 사용되는 강력한 극한의 정의는 독일의 수학자인 카를 바이어슈트라스Karl Weierstrass가 고안한 것이다.

(2) 유한한 숫자를 무한하게 큰 숫자로 나누게 되면 무한소를 얻는다. 이 논리는 매우 큰 생일 파티에서 참석자들에게 줄 케이크를 무한하게 많은 수의 조각으로 나누는 것과 유사하다. 결과적으로 각 사람에게 주어지는 케이크는 점점 더 작아지고 나중에는 아무것도 받지 못하게 된다. 수학적으로는 $x/n = z$라고 쓰는데, 이때 n은 무한히 큰 숫자를, x는 유한한 숫자를, z는 무한소를 나타낸다.

(3) 유한한 양의 수를 양의 무한소로 나누면 무한히 큰 수가 된다. 이것은 양의 수를 매우 작은 양의 분수로 나눠서 매우 큰 숫자를 얻는 것과 비슷하다. 예를 들어 1을 100만분의 1로 나누면 100만이 되는 것과 같다.

$$1 / (1 / 1{,}000{,}000) = 1{,}000{,}000$$

수학적으로 $x/z = n$이라고 쓰고, 이때 x는 유한한 양의 수, z는 무한소, n은 무한히 큰 숫자를 나타낸다.

(4) 무한히 큰 수를 무한소에 곱하면 유한한 숫자가 산출된다. 기본적인 연산에는 이 규칙과 유사한 것이 없다. 하지만 직관적으로 생각해 볼 때 무한하게 큰 것이 무한하게 작은 것과 부딪히면 거대한 폭발이 일어나서 두 무한대가 사라지고 유한한 숫자가 남는다고 생각해

볼 수 있다. 따라서 $z \times n = x$라고 쓰고, 이때 z는 무한소를, n은 무한대를, x는 유한한 숫자를 나타낸다.

(5) $\cos 0 = 1$과 $\sin 0 = 0$을 기억해 보자. 무한소 z와 0 사이의 차이는 무한하게 작기 때문에 18세기 이후의 수학자들은 삼각 함수의 0에 z를 대입해 넣어 $\cos z = 1$과 $\sin z = z$라고 사용했다. 오일러가 유도식에서 사용한 이 과정은 무한소의 양면적인 본질 중 한 측면을 드러내는데 바로 z가 0처럼 취급되는 것이다. 무한소가 비유적으로 어처구니없다고 주장했던 철학자인 버클리는 지금쯤 무덤 속에서 탄식하고 있을지도 모른다. 하지만 오일러는 무한한 안식 속에서 이러한 문제에 대해 여전히 크게 개의치 않고 있을 것이다.

여기에 약속했던 대수학 공식표가 있다. 이 규칙들은 숫자, 변수, 숫자와 변수로 쓰인 함수들을 조작하는 방법을 나타낸다(그러한 숫자들과 변수들과 함수들은 a, b, c, d로 나타낸다.).

- $a^0 = 1, a^1 = a, a^2 = a \times a, a^3 = a \times a \times a, \cdots$
- $(a^m)^n = a^{m \times n}$
- 만약 $a = b$ 라면 $a^n = b^n$
- 만약 $a/b = c$ 라면 $a/c = b$

- $a/b \times b = a$
- 만약 $a = b$이고 $c = d$라면 $a+c = b+d$(이것은 여러 방정식의 같은 변들을 더하거나 빼면 또 다른 방정식이 된다는 것을 뜻한다.)
- $(a+b) \times (c+d) = (a \times c) + (a \times d) + (b \times c) + (b \times d)$
  (이것은 FOIL 규칙이라고 알려져 있는데, 좌변을 전개하면 다음의 결과를 얻을 수 있다.) 괄호 안의 첫 항을 곱한 값($a \times b$)에 외항을 곱한 값($a \times d$)을 더하고 거기에 내항을 곱한 값($b \times c$)을 더하고 마지막으로 괄호 안의 마지막 항들을 곱한 값($b \times d$)을 더한다.
- $(a+b)/2 = a/2 + b/2$

나는 오일러가 공식을 도출한 과정을 7단계로 나누었고 나중에 쉽게 참조할 수 있도록 각 방정식에 표식을 남겼다(첫 번째 단계 A.1, A.2 등등). 또한 오일러의 표기법을 현대에 맞추어 변경했는데, 예를 들어 오일러는 타이핑하기 쉽도록 xx를 사용해 x의 제곱을 나타냈지만 이 책에서는 x^2이라고 쓰일 것이다. 6단계에서 한 번의 예외가 있지만 그 외의 모든 추론은 오일러의 공식에 최대한 가깝도록 쓰였다.

[**1단계**] 첫 번째 개념적 진행은 몇 가지 기본적인 삼각법의 방정식에서 9장에서 언급한 드 무아브르의 공식을 도출하는 것이다. 이러한 삼각법의 항등식은 증명하지 않고 넘어가기로 하자. 이것들

은 7장의 삼각법을 기초로 도출되는데, 만약 증명을 보고 싶다면 칸 아카데미에서 너무나도 훌륭하게 설명했기 때문에 그 웹사이트에서 동영상을 보도록 하자(www.khanacademy.org에서 'proof of angle addition identities'를 검색하면 된다.).

그러한 항등식들은 다음과 같다.

$$\sin(a+b) = \sin a \cos b + \sin b \cos a$$
$$\cos(a+b) = \cos a \cos b - \sin a \sin b$$

혹시라도 독자들이 헷갈릴 경우를 대비해서 설명하자면 각 방정식의 우변은 곱셈을 나타낸다.

$\sin a \sin b = \sin a \times \sin b$

오일러는 드 무아브르의 공식을 도출하기 위해서 위의 항등식을 사용하여 $(\cos\theta + i\sin\theta)^n$이 $\cos(n\theta) + i\sin(n\theta)$의 형식을 가진다는 것을 증명했다(이때 n은 양의 정수).

$n = 1$의 경우에는 매우 간단하다.

$(\cos\theta + i\sin\theta)^1 = \cos\theta + i\sin\theta = \cos(1\times\theta) + i\sin(1\times\theta)$

(모든 숫자와 변수에 대해 $a^1 = a$이고 $1 \times \theta = \theta$이다.)

$n = 2$의 경우는 다음과 같다.

$(\cos\theta + i\sin\theta)^2 = (\cos\theta + i\sin\theta)(\cos\theta + i\sin\theta)$

$= \cos^2\theta + i\sin\theta\cos\theta + i\sin\theta\cos\theta + i^2\sin^2\theta$

[FOIL 규칙과 $\cos^2\theta = \cos\theta \times \cos\theta$를 사용, $\sin^2\theta$에도 동일하게 적용]

$= (\cos^2\theta - \sin^2\theta) + [\,i \times (2\sin\theta\cos\theta)]$

[$i^2 = -1$에 두 번째와 네 번째 항에서 $i^2 = -1$을 대입하고 중간의 서로 같은 두 항을 더하였다.]

$= \cos 2\theta + i\sin 2\theta$

[위에 주어진 삼각 함수의 덧셈 정리를 사용하여, 예를 들어 a와 b가 모두 θ와 같은 경우 두 번째 항등식에서 $\cos 2\theta = \cos(\theta + \theta) = \cos\theta\cos\theta - \sin\theta\sin\theta = \cos^2\theta - \sin^2\theta$라는 것을 알 수 있다. 그것을 사용해 $\cos 2\theta$는 $\cos^2\theta - \sin^2\theta$에 대입할 수 있다.]

$n = 3$의 경우는 다음과 같다.

$(\cos\theta + i\sin\theta)^3 = (\cos\theta + i\sin\theta)^2(\cos\theta + i\sin\theta)$

[지수 함수의 정의]

$= (\cos 2\theta + i\sin 2\theta)(\cos\theta + i\sin\theta)$

[$n = 2$의 값을 대입]

$= \cos 2\theta\cos\theta + i\cos 2\theta\sin\theta + i\sin 2\theta\cos\theta - \sin 2\theta\sin\theta$

[FOIL 규칙과 $i^2 = -1$을 대입]

$= (\cos 2\theta\cos\theta - \sin 2\theta\sin\theta) + [i \times (\cos 2\theta\sin\theta + \sin 2\theta\cos\theta)]$

[항을 재배치]

$= \cos 3\theta + i \sin 3\theta$

[$a = 2\theta$, $b = \theta$를 대입한 뒤 삼각법 항등식을 사용]

$n = 4$의 경우 위의 과정을 반복하여 구할 수 있다. $n = 3$의 값을 대입하고 $a = 3\theta$, $b = \theta$를 대입한 후 삼각법 항등식을 사용하여 $(\cos\theta + i\sin\theta)^4 = \cos 4\theta + i \sin 4\theta$를 구할 수 있다.

이 시점에서 $n = 5, 6$ 등은 그저 같은 과정이 반복되는 것을 깨달았을 것이다. 그렇게 이 결론을 모든 양의 정수 n에 대입하면 드무아브르의 공식을 얻을 수 있다.

(A.1) $(\cos \theta + i \sin \theta)^n = \cos (n\theta) + i \sin (n\theta)$

(A.1)을 약간 수정해서 다음의 유사한 방정식을 얻을 수 있다.

(A.2) $(\cos \theta - i \sin \theta)^n = \cos(n\theta) - i \sin(n\theta)$

위의 (A.2)는 단순히 (A.1)에서 $-\theta$를 θ에 대입한 다음에 $\sin(-\theta) = -\sin \theta$와 $\cos(-\theta) = \cos \theta$를 대입해서 얻은 결과이다. 삼각법을 다루었던 7장에서 단위원에 바탕을 둔 삼각 함수의 정의와 음수 각도의 의미를 검토해 보면 이것이 옳다는 것을 알 수 있다. 또한 이 내용을 공부하고 싶다면 칸 아카데미 사이트를 방문해서 'Sine&cosine identities: symmetry.'를 검색해 보자.

[2단계] 방정식 (A.1)과 (A.2)를 서로 더한 뒤 양변을 뒤집으면 다음과 같다.

$$\cos(n\theta) + i\sin(n\theta) + \cos(n\theta) - i\sin(n\theta) = (\cos\theta + i\sin\theta)^n + (\cos\theta - i\sin\theta)^n$$

새로운 방정식의 좌변은 $\cos(n\theta) + \cos(n\theta) + i\sin(n\theta) - i\sin(n\theta)$으로 $2\cos(n\theta)$와 같다.

$$(i\sin(n\theta) - i\sin(n\theta) = 0)$$

그 결과를 적용하여 방정식을 간략화하면 다음과 같다.

$$2\cos(n\theta) = (\cos\theta + i\sin\theta)^n + (\cos\theta - i\sin\theta)^n$$

이제 양변을 2로 나누어 보자.

$$\text{(A.3)}\ \cos(n\theta) = [(\cos\theta + i\sin\theta)^n + (\cos\theta - i\sin\theta)^n]/2$$

[3단계] 오일러는 이 시점에서 무한대를 적용했다. 그는 방정식 (A.3)에 사용된 n이 무한하게 크다고 가정했다. 만약 v라고 부르는 유한한 숫자가 무한하게 큰 n으로 나누어지면 무한소 z가 생겨난다. 즉 $v/n = z$라고 할 수 있다(2번 규칙). 또한 기본 대수학 법칙을 통해 $v/n = z$에서 $v = zn = nz$라는 것을 알 수 있다(4번 규칙).

여기에서부터 n과 z와 v는 같은 의미로 반복되어 사용될 것이다.

이제 z에 5번 규칙을 적용해서 $\cos z = 1$을 얻을 수 있다. 또한 오일러를 따라 사인 함수 부분에도 같은 규칙을 적용하면 ($z = v/n$) $\sin z = z = v/n$를 얻을 수 있다.

여기에서 우리는 매우 중요한 개념적 진행을 겪고 있다. 방정식 (A.3)의 우변의 사인과 코사인의 합의 지수인 n이 무한히 큰 것으로 가정하여 $(1+1/n)^n$과 비슷한 식으로 바꾸는 것에 가깝다. $(1 + 1/n)^n$은 n이 커질수록 숫자 e에 가깝게 되는데 그 숫자가 바로 오일러 공식에 사용되는 숫자이므로 지금까지는 올바른 방향을 향해 가고 있다.

이제 사용할 수 있는 숫자들을 간단히 확인해 보자. n은 무한히 큰 숫자이고 z는 무한히 작은 숫자이고 $nz = v$는 유한한 숫자라고 가정했다. 이 숫자들을 사용해 $z = v/n$과 $\cos z = 1$과 $\sin z = v/n$를 얻을 수 있다.

다음 작업은 (A.3)에서 (z)를 무한히 작은 수로 대입하는 것이다. (A.3)의 우변의 θ에 z를 대입하면 $[(\cos z + i \sin z)^n + (\cos z - i \sin z)^n]/2$이 된다. 여기에서 오일러는 매우 영리하게 무한대를 적용한다. $\cos z = 1$과 $\sin z = v/n$이기 때문에 1을 $\cos z$에 대입하고 v/n를 $\sin z$에 대입하여 (A.3)의 우변을 다음과 같이 바꿀 수 있다.

$[(1 + i\,v/n)^n + (1 - i\,v/n)^n]$ (e를 구할 때 사용한 것과 비슷한 수식들을 얻을 수 있다.)

한편 방정식 (A.3)의 좌변의 θ에 대해 z를 대입하면 $\cos(nz)$가 되고 $nz = v$이므로 좌변을 $\cos v$라고 쓸 수 있다.

(A.3)의 좌변과 우변을 위의 방법대로 고치면 다음과 같다

(A.4) $\cos v = [(1 + iv/n)^n + (1 - iv/n)^n]/2$

[4단계] 이 단계는 사실상 3단계와 동일하지만 방정식 (A.1)에서 (A.2)를 뺀다는 차이점이 있다. 그 결과로 다음의 방정식을 얻을 수 있다.

$$2i \sin(n\theta) = (\cos\theta + i\sin\theta)^n - (\cos\theta - i\sin\theta)^n$$

무한대에 기반한 3단계를 적용하면 다음과 같이 된다.

(A.5) $i \sin v = [(1+iv/n)^n - (1-iv/n)^n]/2$

[5단계] 이제 방정식 (A.4)와 (A.5)에서 $(1 + iv/n)^n$과 $(1 - iv/n)^n$에 변수 r와 t를 대입하여 다음과 같이 수식을 간략화해 보자.

$$\cos v = (r + t)/2$$
$$i \sin v = (r - t)/2$$

두 방정식을 더하여 다음의 방정식을 얻을 수 있다.

(A.6) $\cos v + i \sin v = (r + t)/2 + (r - t)/2$

다음의 기초 대수학 규칙들을 사용하여 (A.6)을 아래와 같이 정리할 수 있다.

$$(r + t)/2 = r/2 + t/2,\ (r - t)/2 = r/2 - t/2$$
$$\cos v + i \sin v = r/2 + t/2 + r/2 - t/2$$

마지막으로 우변의 두 번째 항과 네 번째 항을 서로 더해서 0으로 만들고 첫 번째 항과 세 번째 항을 더하여 r를 얻을 수 있다. 즉, 우변은 대수적으로 $r = (1 + iv/n)^n$이 된다는 것이다. 이제 (A.6)을 다음과 같이 정리한다.

(A.7) $\cos v + i \sin v = (1 + iv/n)^n$

[6단계] 이제는 (A.7)의 우변이 e^{iv}와 같다는 것을 증명하는 것이다. 오일러의 업적을 따라 a가 1보다 큰 유한한 수이고 z는 무한소라고 가정한다. 대수학에서 모든 숫자에 대하여 $a^0 = 1$이고 $a^1 = a$이다. 또한 a의 지수가 증가할수록 점점 더 큰 값이 된다(예를 들어 만약 $a = 3 > 1$이라면 $a^0 = 1$, $a^1 = 3$, $a^2 = 9$, 이런 식으로 증가한다.). 그러므로 무한소 z는 0보다 아주 조금 큰 숫자이기 때문에 a^z는 a^0보다 아주 조금 더 큰 숫자가 된다. 실제로 오일러는 a^z가 a^0보다 무한소만큼 크다고 추론했다.

이러한 부분을 방정식에 표현하면 $a^z = a^0 + w$라고 할 수 있는데, 이때 w는 무한소를 나타낸다. 그리고 $a^0 = 1$이므로 $a^z = 1 + w$가 된다.

m이라는 숫자를 p라는 숫자로 나누어 k를 얻는다면 다음과 같이 적을 수 있다.

$m/p = k$

비슷하게 어떤 숫자 k에 대해 $w/z = k$를 만족시키는 무한소 w와 z를 구할 수 있다. 이 방정식의 양변에 z를 곱하면 $w = kz$가 된다. 즉, 위의 방정식 $a^z = 1+w$에서 kz를 w에 대입하여 다음의 방정식을 얻을 수 있다.

(A.8) $a^z = 1 + kz$

중요한 것은 마지막 방정식을 통하여 a와 k가 $y = 1 + 2x$에서 x와 y처럼 연결되어 있다는 것을 의미한다. 이 방정식이 뜻하는 것은 만약 x에 특정한 값을 대입하면(예를 들어 $x = 2$) y가 그에 해당하는 값을 가진다는 것이다($y = 1 + 2(2) = 5$). 이 중요한 $a - k$의 관계를 다시 살펴보도록 한다.

이제 위의 2번 규칙을 다시 살펴보자. 이 규칙은 v는 유한한 숫자이고 n은 무한히 큰 숫자일 때 무한소 z가 어떤 수 v/n와 같다는 것을 뜻한다(위에서 변수 x는 유한한 숫자를 나타내기 위해 사용되었지만 v 또한 동일하게 작용한다.). 이 논리를 수식으로 나타내면 $z = v/n$라고 할 수 있다. 그렇다면 방정식 (A.8)의 z에 v/n를 대입하면 다음과 같은 방정식이 된다.

$$a^{v/n} = (1 + kv/n)$$

이 방정식의 양변을 n제곱하면 좌변은 $(a^{v/n})^n = a^{v/n \times n} = a^v$가 된다. 한편 우변을 n제곱하면 $(1 + kv/n)^n$이 된다. 그 결과 아래의 방정식을 얻을 수 있다.

$$\text{(A.9)} \quad a^v = (1 + kv/n)^n$$

위에서 언급한 $a - k$ 관계식을 토대로 하여 k에 특정한 값을 대입하면 a가 그에 상응하는 값을 취한다는 것을 알고 있다. 그러므로 k에 1을 대입하면 a는 그에 상응하는 어떤 상수를 값으로 가질 것이다. 이 이상야릇한 상수를 찾기 위하여 k값에 1을 대입해서 a를 찾아보자.

$$a^v = (1 + v/n)^n$$

v는 불특정한 유한한 숫자이기 때문에 이 값에는 어떤 숫자를 넣어도 방정식은 여전히 성립한다. 위의 방정식에 $v = 1$을 대입해보면 다음과 같이 a의 값을 구할 수 있다.

$$a = (1 + 1/n)^n$$

이제 $k = 1$일 때 a의 값을 알게 되었으므로 2장에서 정의한 숫자 e의 정의에 따라(또한 n은 무한하게 큰 숫자라고 가정했던 것을 사용하여) 마지막 방정식에서 $a = e$라는 것을 알 수 있다. 그렇게 $k = 1$, $a = e$를 방정식 (A.9)에 대입하면 다음과 같다.

$$\text{(A.10)}\quad e^v = (1 + v/n)^n$$

(오일러는 더 정교한 추론 과정을 통하여 (A.10)에 도달했지만 그 역시 $k = 1$일 때 $a = e$라는 것을 사용하여 다음의 결론에 이르렀다.)

[**마지막 단계**] 9장에서 오일러가 허수 변수인 $i\theta$를 실수 변수 θ에 대입해도 방정식이 여전히 성립한다는 것을 증명했던 것을 기억해 보자.

이와 똑같이 방정식 (A.10)에서 실수 변수인 v에 허수 변수인 iv를 대입하면 다음의 방정식을 얻게 된다.

$$e^{iv} = (1 + iv/n)^n$$

또한 (A.7) $e^{iv} = \cos v + i \sin v$를 사용하여 e^{iv}을 $\cos v + i \sin v$를 사용하여 나타낼 수 있다. 오일러는 개론에서 이 부분을 다루면서 흥분을 감추지 못하며 다음과 같이 적었다.

"진정 다음과 같다."

$$e^{iv} = \cos v + i \sin v$$

여기에서 θ를 변수로 사용하면 우리가 익숙히 보아 왔던 오일러 공식이 된다.

$$e^{i\theta} = \cos \theta + i \sin \theta$$

부록2

왜 i^i은 실수일까?

E U L E R ' S   E Q U A T I O N

i^i의 실수 증명

단위 허수를 지수로 가지는 단위 허수 i^i은 정말로 실수가 아닌 것처럼 보인다. 하지만 때때로 우리는 겉모양만 보고 매우 쉽게 속기도 한다. 여기에서는 오일러 공식을 사용하여 이 숫자가 실수라는 것을 증명할 수 있는지 설명한다.

우리는 같은 숫자를 다른 방식으로 나타낸 후 이것들을 같은 숫자로 제곱하면 그 값 또한 같다는 것을 알고 있다. 예를 들어, $4/2 = 2$일 때 양변을 제곱하면 $(4/2)^2 = (4^2/2^2) = (16/4) = 4 = 2^2$이 된다. 다음으로 11장에서 $e^{i\pi/2} = i$라고 정의한 것을 기억해 보자($e^{i\theta} = \cos\theta + i\sin\theta$에서 $\pi/2$를 대입하여 얻을 수 있다.). 이제 양변을 i제곱하면 그 두 숫자가 서로 같다는 것을 안다. 즉, $(e^{i\pi/2})^i = i^i$이다. 이 방정식을 통하여$(e^{i\pi/2})^i$을 사용해서 i^i이 실수인지 허수인지 알 수 있다는 것을 안다.

이제 $(e^{i\pi/2})^i$의 값을 구하기 위해서 이와 비슷한 값을 생각해 보자. 2^2을 세제곱하는 것은 $(2^2)^3$과 같다. 즉, $(2 \times 2)^3$ 또는 $(2 \times 2) \times (2 \times 2) \times (2 \times 2) = 2^6 = 2^{2\times3}$이 된다. 이 예제를 통해서 $(x^a)^b = x^{a\times b}$라는 것을 추론할 수 있다.

이 규칙을 $(e^{i\pi/2})^i$에 적용하면 $(e^{i\pi/2})^i = e^{i\pi/2\times i} = e^{i\times i\times \pi/2}$(지수의 항들을 재배치) $= e^{-\pi/2}$($i\times i = -1$), 즉 $i^i = e^{-\pi/2}$이 된다. $e^{-\pi/2}$은 괴상하게 생긴 음수를 지수로 가지지만 여전히 실수이다. 실제로 약 0.208이다(사실 i^i은 소수점 자리수가 무한하게 비규칙적으로 이어지는 실수, 즉 무리수이다. 그 정확한 값을 구하는 방법이 이 부록의 목적은 아니므로 근삿값을 구해 실수임을 확인하는 것에서 마치도록 하자.).

오일러가 i^i이 실수라는 것을 발견했을 때 그는 친구에게 보내는 편지에 "나는 너무나도 놀랐다."라고 썼다. 그의 매력은 끊임없이 자신의 발견에 대해 놀라고 즐거워하는 능력이 아닌가 싶다.

감사의 말

빌 벌켈리Bill Bulkeley, 낸시 메일Nancy Malle, 앨리샤 러셀Alicia Russell, 존 러셀John Russell 등과 같은 수학을 전공하지 않은 여러분께서 이 책에 대해 귀중한 피드백을 주셨다. 오일러와 그의 작품에 대한 연구로 권위가 있는 던햄 교수와 이전에 《*College Mathematics Journal* 》의 편집자로 활동한 언더우드 더들리Underwood Dudley는 내게 바쁜 시간을 내어 수학적 이슈를 상담해 주면서 표기법과 단어 선택, 레이아웃을 결정하는 데 편집자로서 큰 도움을 주었다(물론 이 책에서 잘못된 부분이 있다면 그것은 온전히 내 책임이라는 것을 밝혀 둔다.). 또한 풍부한 자료로 가득한 온라인 도서관이자 내가 자료를 찾고 연구 시간을 훨씬 단축해 준 오일러 기록 보관소(Euler Archive)의 창립자와 관리자들에게도 감사를 표한다. 또한 내가 모델로 삼았던 훌륭한 설명을 제공하는 칸 아카데미(Khan Academy)의 창립자살 칸Sal Khan에게 감사를 표한다. 마지막으로 내가 많은 자료를 얻었던 맥튜터 수학 역사 자료관(MacTutor History of Mathematics)의 창립자인 존 J. 오코너John J. O'connor와 에드먼드 F. 로버트슨Edmund F. Robertson에게 감사를 표한다.

내가 수학을 싫어하는 이들에게 이 중요한 수학적 발견을 전달할 수 있는 글을 어떤 식으로 쓸까 고민하고 있을 때 내게 큰 격려를해 준 동료 수학 애호가인 크리스토프 드뢰서Christoph Drösser에게 감사한다. 그는 내 원고를 보고 내용을 가다듬는 데 도움을 주었다. 내 에이전트인 리사 애덤스Lisa Adams도 항상 힘이 되어 주었으며 교정과 기술적인 주제들의 핵심을 정확히 이해해 준 Basic Books 출판사의 편집자인 T. J. 켈러허Kelleher는 이 책을 쓰는 데 많은 도움을 주었다. 또한 졸고를 책으로 변신시켜 준 멜리사 레이먼드Melissa Raymond, 미셸 웰시 호스트Michelle Welsh Horst와 마르코 파비아Marco Pavia와 브렌트 윌콕스Brent Wilcox, 사만다 마낙톨라Samantha Manaktola에게도 감사를 표한다.

내게 영감을 불어넣어 준 아내 앨리샤는 내가 평소에 문제를 가지고 씨름하거나 문제를 포기하려고 할 때 내게 위안을 주었다. 내가 원고를 쓸 당시 6학년이었던 딸 클레어Claire는 삼각법 이상의 수학을 모르는 사람도 기본적인 삼각법과 기본적인 개념들만 알아도 오일러 공식을 이해할 수 있다는 것을 알려 주었다. 한편 젊은 아티스트이자 지금은 컴퓨터 게임과 영화 회사에서 일하는 아들 쿠엔틴Quentin은 연산부터 미적분에 이르는 많은 수학들을 다듬어 수학을 기피하는 이들에게 설명할 수 있는 방법을 알아내는 것에 크게 도움을 주었다.

수학 용어 사전

각도기 각을 재는 도구. 투명한 반원형 플라스틱판에 0°에서 180°까지 각도를 눈금으로 표시해 놓았다.

곱셈의 결합 법칙 세 수 a, b, c에 대하여 $(a \times b) \times c = a \times (b \times c)$가 성립한다.

곱셈의 교환 법칙 두 수 a, b에 대하여 $a \times b = b \times a$가 성립한다.

다각형 여러 개의 선분으로 둘러싸인 평면도형. 다각형의 한 꼭짓점에서의 내각과 외각의 크기의 합은 180°이다. 정다각형은 변의 길이가 모두 같고, 각의 크기가 모두 같은 다각형을 말한다.

단위원 반지름의 길이가 1인 원. 원점 (0, 0)을 중심으로 하는 반지름의 길이가 1인 원을 의미하기도 한다. 보통 xy 좌표 평면, 또는 복소평면 상의 원점에 원의 중심을 빼고 단위원을 그린다.

덧셈의 결합 법칙 세 수 a, b, c에 대하여 $(a+b)+c = a+(b+c)$가 성립한다.

덧셈의 교환 법칙 두 수 a, b에 대하여 $a+b=b+a$가 성립한다.

라디안radian 원의 반지름의 길이와 같은 길이의 호(弧)를 잘랐을 때 이루어지는 부채꼴의 두 개의 반지름 사이에 포함된 평면각. 호의 길이를 이용해서 각도를 표시한다고 해서 호도법(弧度法)이라고도 한다. 2π 라디안 $=360^\circ$, π 라디안 $=180^\circ$, $\pi/2$라디안 $=90^\circ$이다.

무리수 실수 가운데 두 정수의 비, 즉 분수로 표현할 수 없는 수. 무리수의 십진법은 소수점 오른쪽에 있는 순환하지 않는 무한 소수를 포함한다.

반지름 원 또는 구의 지름의 절반. 원 또는 구의 중심과 원 위의 한 점을 이은 선분으로서, 점의 위치와 상관없이 반지름의 길이는 일정하다. 원과 그 중심 사이에 활꼴처럼 그려진다.

벡터 2차원 복소평면 위의 복소수를 방향이 있는 선분 즉, 화살표를 써서 시각적으로 표현한 것. 벡터는 xy 평면 위의 좌표 쌍을 시각적으로 제시할 수 있다. 벡터는 또한 물리학에서 속도나 물체의 이동 방향과 같은 것을 나타내는 데 사용된다.

변수 x, y와 같이 여러 가지로 변하는 값을 나타내는 문자. 임의의 값을 가질 수 있는 미지수를 대신하는 문자로 표시된다. '$x-2=4$'와 같은 등식을 나타낼 때 변수 x는 '미지수'를 대표한다.

복소수 제곱하여 -1이 되는 수(허수 단위)를 사용하여 $a+bi$ (a, b는 실수) 꼴로 표시되는 수로서, 여기에서 a와 b는 실수이고 i는 $i^2=-1$을 만족하는 허수 단위이다.

복소평면complex plane x축이 실수축이고 y축이 허수축인 좌표 평면으로, 실수를 수직선 위의 점에 대응시킨 것과 같이 복소수를 평면 위의 점과 일대일로 대응시킬 수 있다.

분배 법칙 두 수의 합에 다른 한 수를 곱한 것이 그것을 각각 곱한 것의 합과 같다는 법칙. 즉, $a \times (b + c) = (a \times b) + (a \times c)$, $(a + b) \times c = (a \times c) + (b \times c)$인 법칙을 이른다.

비율 어떤 수량(비교하는 양)의 다른 수량(기준량)에 대한 비의 값을 분수나 소수 등으로 나타낸 것. 2:3처럼 '비교하는 양:기준량'의 형식으로 나타낸다. 요리를 할 때 설탕과 밀가루의 비율을 비교할 때, 무엇을 기준으로 하느냐에 따라 비가 달라진다. 설탕을 기준으로 하면 1:4가 되고 밀가루를 기준으로 하면 3:4가 된다.

빗변 직각 삼각형의 가장 긴 변으로서, 직각의 마주 보는 변인 대변이다.

사인 함수 삼각 함수의 기본적 함수 세 개 중 하나로, 직각 삼각형의 빗변과 높이의 비로 나타낸다. '$\sin\theta$'라고 쓴다. 코사인 함수는 직각 삼각형의 두 변 중 빗변과 밑변의 비로 나타낸다. '$\cos\theta$'라고 쓴다. 탄젠트 함수는 직각 삼각형의 두 변 중 밑변과 높의 비로 나타낸다. '$\tan\theta$'라고 쓴다.

3차 방정식 변수 x의 최고차항의 차수가 3이며 $ax^3 + ax^2 + cx + d = 0$(a, b, c, d는 상수, $a \neq 0$)의 꼴로 나타내는 다항 방정식이다.
예 $x^3 + 2x^2 - 5x + 8 = 0$

상수constant 변하지 않고 항상 같은 값을 가지는 수. 오일러 공식은 'e, i, π, 1, 0'의 다섯 개 상수로 되어 있다.

실수 유리수와 무리수를 모두 포함한 수. 실생활에서 길이, 각도, 넓이, 부피, 무게 등을 나타내고 연산할 수 있는 수로서, 양의 정수, 음의 정수, 0, 유리수(분수), 무리수, 초월수 등을 포함하여 '실제로 존재하는 수'라는 뜻에서 실수라고 한다. 실수는 제곱하여 음수가 되는 수를 허수라고 부르면서 상대적으로 생긴 명칭이다. 유리수는 모든 정수를 포함하며, 무리수는 초월수를 포함한다.

i −1의 제곱근, 즉 제곱해서 −1이 되는 복소수. i는 허수(imaginary number)의 첫 글자를 딴 것이다.

***xy* 평면** 2차원 좌표계. 좌표 평면이라고 부른다. 서로 직교하는 x축(수평 방향)과 y축(수직 방향)으로 이루어진다. x축과 y축이 만나는 점을 원점이라고 부른다.

***x* 좌표, *y* 좌표** xy평면(좌표 평면)에서 점의 위치를 나타내는 수의 짝을 괄호로 묶어 표시한 것. 즉, 특정한 점의 위치를 지정하기 위해 사용되는 값이다. 평면(2차원)에서는 원점에서 만나는 x축(가로)과 y축(세로)을 사용해서 점의 위치를 (x, y)로 표현한다. (1, 3)은 원점으로부터 x축으로 오른쪽 1, y축으로 3의 위치가 만나는 곳이다.

***n* 제곱** 같은 수를 n번 제곱한 수. 예를 들어, 2의 4제곱은 2^4이라고 쓰고, 결과는 $2 \times 2 \times 2 \times 2 = 16$이 된다.

원점 xy좌표 평면 위에서 만나는 x좌표와 y좌표, 그리고 복소 평면에서 만나는 x좌표와 y좌표. 영어 origin의 첫 글자인 대문자 O로 나타낸다. xy좌표 평면 위 원점의 좌표쌍은 (0, 0)이다. 복소 평면의 원점은 복소수 '$0 + 0i$'과 대응된다.

원주율 원의 지름에 대한 둘레의 비율을 나타내는 수학 상수. 그리스 문자 π로 표기하고, '파이'라고 읽는다. 무리수에 해당하며 그 값은 약 3.14이다.

e 오일러 상수라고 일컫는, 수학에서 가장 중요한 기본 상수 중의 하나. 자연로그의 밑수로서 중요한 상수이다. 그 값은 극한값 $e = \lim_{n \to \infty} (1 + \frac{1}{n})^n$으로서, 약 2.7183이다. 실수 중에서도 무리수에 속하며 초월수로 알려져 있다.

제곱근 음이 아닌 어떤 수 a에 대하여 제곱하여 a가 되는 수를 a의 제곱근이라고 한다. 즉, $x^2 = a$를 만족할 때 x는 a의 제곱근이 된다. 예를 들어,

2와 −2는 4의 제곱근이다. 제곱근을 나타내기 위하여 근호($\sqrt{\ }$)를 사용하고 이것을 '제곱근' 또는 '루트(root)'라고 읽는다.

제논의 역설 고대 그리스 엘레아의 철학자이며 사상가인 제논(Zenon, B. C. 490~B. C. 429)이 "움직이는 것은 사실 정지해 있는 것과 같다."라고 주장한 것. 대표적인 제논의 역설은 '아킬레우스와 거북의 역설'이다. 아킬레우스와 거북이 경주를 하는데, 거북은 100m 앞에서 출발한다. 아킬레우스가 원래 거북이 있던 곳에 도착하였을 때면 거북은 자기 속력으로 얼마간 전진해 있다. 다음에 아킬레우스가 다시 거북이 있던 지점까지 도착했을 때에도 거북은 또 얼마쯤 전진해 있다. 다시 아킬레우스가 거북이 있던 지점에 왔을 때에도 거북은 그래도 얼마쯤은 전진해 있다. 이렇게 계속하다 보면 아킬레우스는 결국 거북을 따라잡을 수 없다는 것이 제논의 역설이다. 당시 사람들은 제논의 역설이 분명히 틀렸음을 알면서도 이를 논리적으로 반박하기에는 역부족이었다. 그러나 무한급수에 대한 수렴 이론의 발달과 무한에 대한 칸토어의 연구가 이 역설이 지닌 논리적 결함을 분명히 제시했다. 위의 역설의 경우에는 거북은 처음 10m, 다음 1m, 그 다음 1/10m, 그 다음 1/100m……. 이렇게 무한히 간다 해도 무한급수의 합은 유한하며 그 합은 100/9m가 된다. 그러므로 아킬레우스는 100/9m를 달리게 되면 거북을 따라잡게 된다는 것이다. 결국 제논의 역설은 무한급수의 수렴이라는 새로운 개념으로 그 모순을 증명하게 되었다.

지수 a^n에서 n과 같이 주어진 수의 거듭제곱을 나타내는 수. 같은 수가 몇 번 거듭하여 곱해졌는지를 나타내기 위하여 상수나 변수의 오른쪽에 위첨자로 표시한다. 지수에 따라 10^2은 '10의 제곱'이라 하고 10^3을 '10의 세제곱', 10^n을 '10의 n제곱'이라 읽는다. 자연수 외에도 0이나 음의 정수, 유리수, 무리수, 실수, 복소수까지 더 많은 범위의 수를 지수로 취하는 과정을 지수의 확장이라 한다.

직각 삼각형 한 각이 직각인 삼각형. 직각 삼각형의 외심은 빗변의 중점에 있다. 즉, 빗변의 중점은 세 꼭짓점과 같은 거리에 있다. 또한 직각을 제외한 다른 두 각의 합도 직각이 된다.

진동 일정한 속도로 앞뒤로 움직이는 것. 소리나 전자파, 교류(交流) 등 주기적으로 일어나는 현상들은 진동을 수반한다.

초월수 계수가 정수인 다항식의 해가 될 수 없는 무리수. 다항식 '$x^2 - 2x - 35 = 0$'의 해는 -5와 7의 해가 존재한다. 우리가 잘 아는 무리수 중 초월수는 π, 자연 상수 e 등이 있다.

코사인 함수, 사인 함수 평면에 O를 원점으로 하는 좌표계를 정하고 이 평면 위의 점의 좌표를 (x, y)로 표시하고, x축의 양의 방향에 대하여 각 θ를 만드는 사선 OP를 그어 O를 중심으로 하는 단위원과의 교점을 P로 하여, P의 좌표를 (x, y)라고 하면, θ가 주어질 때마다 x, y가 정해진다. 이때 함수 $\theta \to x$와 $\theta \to y$를 각각 코사인 함수, 사인 함수라고 하며 $x = \cos\theta$, $y = \sin\theta$로 표기한다.

팩토리얼factorial 1부터 n개의 양의 정수를 모두 곱한 것을 말하며, ! 기호를 사용하여 $n!$로 나타낸다. 즉, $n! = 1 \times 2 \times 3 \times \cdots\cdots \times (n-1) \times n$이다. n은 보통 양의 정수 범위에서 주어진다. 3!은 '3팩토리얼'이라고 부르며 그 값은 '$1 \times 2 \times 3 = 6$'이 된다. 또한 0!과 1!은 1로 약속한다.

평행사변형 두 쌍의 대변이 각각 평행한 사각형을 일컫는다.

피타고라스의 정리 직각 삼각형에서 직각을 끼고 있는 짧은 두 변의 제곱의 합은 빗변의 길이의 제곱과 같다는 정리. 임의의 직각 삼각형에서 빗변의 길이를 c, 빗변이 아닌 다른 두 변의 길이를 각각 a, b라고 하면 $a^2 + b^2 = c^2$이 성립한다.

함수 이 책에서는 '$x + 5$'와 같이 변수를 사용한 표현을 의미한다. 함수는 어떤 숫자를 입력하면 특정한 방법에 의해 출력되는 숫자로 변환시키는 컴퓨터 프로그램과 유사하다. 그것들은 '$f(x) = x + 5$'와 같은 방정식으로 지정되는데, 여기에서 $f(x)$는 '변수가 x인 함수'를 의미한다.

허수 '$a \times i$' 형태의 숫자에서 a는 실수이고 i는 -1의 제곱근을 나타낸다. 각각의 허수는 실수와 대응된다. 예를 들어, 허수 단위 i는 1과 대응되고 $-i$는 -1과 대응된다. 허수 '$\pi \times i$'는 오일러 방정식에서 e의 지수이다.

참고 문헌

Allain, Rhett. "Modeling the Head of a Beer." Wired, January 25, 2009. https://www.wired.com/2009/01/modeling-the-head-of-a -beer/.

Amalric, Marie, and Stanislas Dehaene. "Origins of the Brain Networks for Advanced Mathematics in Expert Mathematicians." *Proceedings of the National Academy of Sciences*, May 3, 2016, 4909-4917.

Apostol, Tom M. *Calculus, Volume I and Volume II.* Waltham, Mass.: Blaisdell Publishing Co., 1969.

Archibald, Raymond Clare. *Benjamin Peirce, 1809-1880: Biographical Sketch and Bibliography.* Oberlin, Ohio: The Mathematical Association of America, 1925. https://archive.org/details/benjaminpeirce1800arch.

Assad, Arjang A. "Leonard Euler: A Brief Appreciation." *Networks*, January 9, 2007. http://onlinelibrary.wiley.com/doi/10.1002/net.20158/abstract.

Bair, Jacques, Piotr Blaszczyk, Robert Ely, Valerie Henry, Vladimir Kanovei, Karin U. Katz, Mikhail G. Katz, Semen S. Kutateladze, Thomas McGaffey, Patrick Reeder, David M. Schaps, David Sherry, and Steven Shnider. "Interpreting the Infinitesimal Mathematics of Leibniz and Euler," *Journal for General Philosophy of Science*, 2016. https://arxiv.org/abs/1605.00455.

Baker, Nicholson. "Wrong Answer: The Case against Algebra II." Harper's, September 2013. http://harpers.org/archive/2013/09/wrong-answer/.

Ball, W. W. Rouse. *A Short Account of the History of Mathematics.* New York: Dover Publications Inc., 1908.

Bell, E. T. *Men of Mathematics: The Lives and Achievements of the Great Mathematicians from Zeno to Poincaré.* New York: Touchstone Books, 1986.

Bellos, Alex. *The Grapes of Math: How Life Reflects Numbers and Numbers Reflect Life.* New York: Simon & Schuster, 2014.

Benjamin, Arthur. *The Magic of Math: Solving for x and Figuring Out Why.* New York: Basic Books, 2015.

Blatner, David. *The Joy of Pi.* New York: Walker & Co., 1997.

Bouwsma, O. K. *Philosophical Essays.* Lincoln, Neb.: University of Nebraska Press, 1965.

Boyer, Carl B. "The Foremost Textbook of Modern Times." Mac Tutor History of Mathematics archive, 1950. http://www-groups.dcs.st-and.ac.uk/~history/Extras/Boyer_Foremost_Text.html.

Bradley, Michael J. *Modern Mathematics*: 1900-1950. New York: Chelsea House Publishers, 2006.

Bradley, Robert E., Lawrence A. D'Antonio, and C. Edward Sandifer, Editors. *Euler at 300: An Appreciation.* Washington, D.C.: The Mathematical Association of America, 2007.

Branner, Bodil, and Nils Voje Johansen. "Caspar Wessel (1745-1818) Surveyor and Mathematician." In *On the Analytical Representation of Direction: An Attempt Applied Chiefly to Solving Plane and Spherical Polygons* by Caspar Wessel, trans. from the Danish by Flemming Damhus, edited by Bodil Branner and Jesper Lutzen, 9-61. Copenhagen: Royal Danish Academy of Science and Letters, 1999.

Burris, Stan. "Gauss and Non-Euclidean Geometry," 2009. https://www.math.uwaterloo.ca/~snburris/htdocs/geometry.pdf.

Cajori, Florian. "Carl Friedrich Gauss and his Children." Science, May 19, 1899, 697-704, https://www.jstor.org/stable/1626244?seq=1#page_scan_tab_contents.

Calinger, Ronald S. *Leonhard Euler: Mathematical Genius in the Enlightenment.* Princeton: Princeton University Press, 2015.

Clegg, Brian. *A Brief History of Infinity: The Quest to Think the Unthinkable.* London: Constable & Robinson Ltd., 2003.

Debnath, Lokenath. *The Legacy of Leonhard Euler: A Tricentennial Tribute.* London: Imperial College Press, 2010.

Dehaene, Stanislas. "Precis of *The Number Sense.*" *Mind and Language*, February 2001, 16-36.

Devlin, Keith. *The Language of Mathematics: Making the Invisible Visible.* New York: W.H. Freeman & Co., 1998.

Devlin, Keith. "The Most Beautiful Equation in Mathematics." *Wabash Magazine*, Winter/Spring 2002. http://www.wabash.edu/magazine/2002/WinterSpring2002/mostbeautiful.html.

Devlin, Keith. "Will Cantor's Paradise Ever Be of Practical Use?" Devlin's Angle, June 3, 2013. http://devlinsangle.blogspot.com/2013/06/will-cantors-paradise-ever-be-of.html.

Dudley, Underwood. "Is Mathematics Necessary?" *The College Mathematics Journal*, November 1997, 360-364. http://www.public.iastate.edu/~aleand/dudley.html.

Dunham, William. *Euler: The Master of Us All.* Washington, D.C.: The Mathematical Association of America, 1999.

Dunham, William. *Journey through Genius: The Great Theorems of Mathematics.* New York: Penguin Books USA, 1991.

Dunham, William, Editor. *The Genius of Euler: Reflections on His Life and Work.* Washington, D.C.: The Mathematical Association of America, 2007.

Euler, Leonhard. *Letters of Euler on Different Subjects in Physics and Philosophy Addressed to a German Princess*, trans. from the French by Henry Hunter. London: Murray and Highley, 1802.

Fellmann, Emil A. *Leonhard Euler.* Translated by Erika Gautschi and Walter Gautschi. Basel: Birkhäuser Verlag, 2007.

Fleron, Julian, with Volker Ecke, Philip K. Hotchkiss, and Christine von Renesse. *Discovering the Art of Mathematics: The Infinite.*

Westfield, Mass.: Westfield State University, 2015. https://www.artofmathematics.org/books/the-infinite.

Gardner, Martin. "Is Mathematics for Real?" *The New York Review of Books,* August 13, 1981. http://www.nybooks.com/articles/1981/08/13/is-mathematics-for-real/.

Gardner, Martin. "Mathematics Realism and Its Discontents." *Los Angeles Times,* Oct. 12, 1997. http://articles.latimes.com/1997/oct/12/books/bk-44915.

Gardner, Martin. *The Magic and Mystery of Numbers.* New York: Scientific American, 2014.

Gray, Jeremy John. "Carl Friedrich Gauss." *Encyclopedia Britannica*, 2007. https://www.britannica.com/biography/Carl-Friedrich-Gauss.

Hardy, G. H. A *Mathematician's Apology.* Cambridge: Cambridge University Press, 1940.

Hatch, Robert A. "Sir Isaac Newton." *Encyclopedia Americana*, 1998. http://users.clas.ufl.edu/ufhatch/pages/01-courses/current-courses/08sr-newton.htm.

Hersh, Reuben. "Reply to Martin Gardner." *The Mathematical Intelligencer*, 23 (1), 2001, 3-5.

Hersh, Reuben. *What Is Mathematics, Really*? New York: Oxford University Press, 1997.

Horner, Francis. "Memoir of the Life and Character of Euler by the Late Francis Horner, Esq. M.P." In *Elements of Algebra* by Leonhard Euler, trans. from the French by Rev. John Hewlett. London: Longman, Orme, and Co., 1840.

Keynes, John Maynard. "Newton, the Man." Royal Society of London Lecture, 1944. http://www-history.mcs.st-and.ac.uk/Extras/Keynes_Newton.html.

Kline, Morris. *Mathematical Thought from Ancient to Modern Times.* New York: Oxford University Press, 1972.

Klyve, Dominic. "Darwin, Malthus, Süssmilch, and Euler: The Ultimate Origin of the Motivation for the Theory of Natural Selection." *Journal of the History of Biology*, Summer 2014. https://www.ncbi.nlm.nih.gov/pubmed/23948780.

Lakoff, George, and Rafael E. Núñez. *Where Mathematics Comes From: How the Embodied Mind Brings Mathematics into Being.* New York: Basic Books, 2000. Lemonick, Michael D. "The Physicist as Magician." *Time*, Dec. 7, 1992.

Maor, Eli. *e: The Story of a Number.* Princeton: Princeton University Press, 1994.

Martin, Vaughn D. "Charles Steinmetz, The Father of Electrical Engineering." *Nuts and Volts*, April 2009. http://www.nutsvolts.com/uploads/magazine_downloads/Steinmentz_Father_of_Elec_Engineering.pdf.

Martinez, Alberto A. *The Cult of Pythagoras: Math and Myths.* Pittsburgh: University of Pittsburgh Press, 2012.

Mazur, Barry. *Imagining Numbers: (Particularly the Square Root of Minus Fifteen).* New York: Picador, 2003.

Moreno-Armella, Luis. "An Essential Tension in Mathematics Education," *ZDM Mathematics Education*, August 2014. http://link.springer.com/article/10.1007/s11858-014-0580-4.

Nahin, Paul J. *An Imaginary Tale: The Story of √-1.* Princeton: Princeton University Press, 1998.

Nahin, Paul J. *Dr. Euler's Fabulous Formula: Cures Many Mathematical Ills.* Princeton: Princeton University Press, 2006.

O'Connor John J., and Edmund F. Robertson. *MacTutor History of Mathematics Archive.* St. Andrews: University of St. Andrews, Scotland, 2016. http://www-history.mcs.st-and.ac.uk.

Ofek, Haim. *Second Nature: Economic Origins of Human Evolution.* Cambridge: Cambridge University Press, 2001.

Paulos, John Allen. "Review of *Where Mathematics Comes From.*" *The American Scholar*, Winter 2002. https://math.temple.edu/~paulos/oldsite/lakoff.html.

Pólya, George. *Mathematics and Plausible Reasoning, Volume 1: Induction and Analogy in Mathematics.* Princeton: Princeton University Press, 1990.

Preston, Richard. "The Mountains of Pi." *The New Yorker*, March 2, 1992.

Reeder, Patrick J. Internal Set Theory and Euler's Introductio in Analysin Infinitorum, Ohio State University Master's Thesis, 2013. https://etd.ohiolink.edu/pg_10?0::NO:10:P10_ACCESSION_NUM:osu1366149288.

Reymeyer, Julie. "A Mathematical Tragedy." Science News, Feb. 25, 2008. https://www.sciencenews.org/article/mathematical-tragedy.

Roh, Kyeong Hah. "Students' Images and Their Understanding of Definitions of the Limit of a Sequence." *Educational Studies in Mathematics*, Vol. 69, 2008, 217-233.

Roy, Ranjan. "The Discovery of the Series Formula for π by Leibniz, Gregory, and Nilakantha." *Mathematics Magazine*, December 1990, 291-306.

Russell, Bertrand. *Mysticism and Logic: And Other Essays*. London: George Allen & Unwin Ltd., 1959.

Sandifer, C. Edward. "Euler Rows the Boat." *Euler at 300: An Appreciation*. Washington, D.C.: The Mathematical Association of America, 2007, 273-280.

Sandifer, C. Edward. "Euler's Solution of the Basel Problem—The Longer Story." *Euler at 300: An Appreciation*. Washington, D.C.: The Mathematical Association of America, 2007, 105-117.

Sandifer, C. Edward. "How Euler Did It: Venn Diagrams." The Euler Archive, January 2004. http://eulerarchive.maa.org/hedi/HEDI-2004-01.pdf.

Seife, Charles. *Zero: The Biography of a Dangerous Idea*. New York: Penguin Books, 2000.

Sinclair, Nathalie, David Pimm, and William Higginson, editors, *Mathematics and the Aesthetic: New Approaches to an Ancient Affinity*. New York: Springer Science+Business Media, 2006.

Steinmetz, Charles P. "Complex Quantities and Their Use in Electrical Engineering." *AIEE Proceedings of International Electrical Congress*, July 1893, 33–74.

Stewart, Ian. "Gauss." *Readings from Scientific American: Scientific Genius and Creativity*. New York: W.H. Freeman & Co., 1987.

Stewart, Ian. *Taming the Infinite: The Story of Mathematics*. London: Quercus Publishing, 2009.

Tall, David. *A Sensible Approach to the Calculus*. University of Warwick, 2010. homepages.warwick.ac.uk/staff/David.Tall/pdfs/dot 2010a-sensible-calculus.pdf.

Toeplitz, Otto. *The Calculus: A Genetic Approach*. Chicago: University of Chicago Press, 1963.

Truesdell, Clifford, "Leonhard Euler, Supreme Geometer." *The Genius of Euler: Reflections on His Life and Works*. Washington, D.C.: The Mathematical Association of America, 2007, 13-41.

Tsang, Lap-Chuen. *The Sublime: Groundwork towards a Theory*. Rochester: University of Rochester Press, 1998.

Tuckey, Curtis, and Mark McKinzie. "Higher Trigonometry, Hyperreal Numbers, and Euler's Analysis of Infinities." *Mathematics Magazine*, December 2001. http://www.maa.org/sites/default/files/pdf/upload_library/22/Allendoerfer/2002/0025570x.di021222.02p0075s.pdf.

Wells, David. "Are These the Most Beautiful?" *The Mathematical Intelligencer*, 1990. https://www.gwern.net/docs/math/1990-wells.pdf.

Westfall, Richard S. "Sir Isaac Newton: English Physicist and Mathematician." In *Encyclopaedia Britannica* online. Chicago: Encyclopaedia Britannica Inc. http://www.britannica.com/biography/Isaac-Newton.

Wigner, Eugene. "The Unreasonable Effectiveness of Mathematicsin the Natural Sciences." *Communications in Pure and Applied Mathematics*, February 1960, 1-14.

Zeki, Semir, John Paul Romaya, Dionigi M.T. Benincasa, and Michael F. Atiyah. "The Experience of Mathematical Beauty and Its Neural Correlates." *Frontiers in Human Neuroscience*, February 13, 2014. http://journal.frontiersin.org/article/10.3389/fnhum.2014.00068/full.

색인

〔 ㄹ 〕

〔 ㅁ 〕

〔 ㅎ 〕

신의 방정식
오일러 공식

발행일 1판 4쇄 2024년 4월 11일
글쓴이 데이비드 스팁
옮긴이 김수환
펴낸이 이경민
펴낸곳 (주)동아엠앤비
출판등록 2014년 3월 28일(제25100-2014-000025호)
주소 (03972) 서울특별시 마포구 월드컵북로22길 21, 2층
홈페이지 www.dongamnb.com
전화 (편집) 02-392-6901 (마케팅) 02-392-6900
팩스 02-392-6902
전자우편 damnb0401@naver.com
SNS

ISBN 979-11-6363-187-3 (03410)

※ 책 가격은 뒤표지에 있습니다.
※ 잘못된 책은 구입한 곳에서 바꿔 드립니다.
※ 이 도서의 국립중앙도서관 출판예정도서목록(CIP)은 서지정보유통지원시스템 홈페이지 (http://seoji.nl.go.kr)와 국가자료공동목록시스템(http://www.nl.go.kr/kolisnet)에서 이용하실 수 있습니다.(CIP제어번호: CIP2020010935)